POWER ELECTRONICS

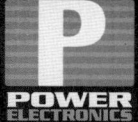

パワー・デバイスIGBT活用の基礎と実際

MOSFETとトランジスタの特徴を活かしたスイッチング素子

五十嵐征輝［編著］
Seiki Igarashi

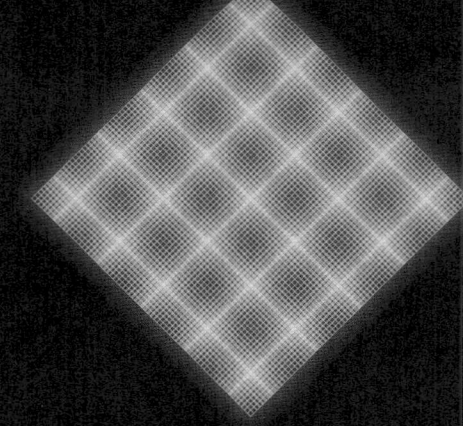

CQ出版社

まえがき

　本書は，IGBT（絶縁ゲート型バイポーラ・トランジスタ）の基本構造ならびに動作原理から実際に使用するための設計技術までを詳しく解説しています．

　IGBTは，家庭の冷蔵庫やエアコンから新幹線まで，幅広いパワー・エレクトロニクス製品に使用されており，現代社会を支えているキー・デバイスとなっています．近年問題となっているCO_2の削減や温暖化対策でもパワー・エレクトロニクス技術を適用することにより，エネルギー利用の高効率化や省エネルギー化を図ることができます．また，風力や太陽光などの新エネルギー分野においても，利用可能な交流電圧に変換するためにパワー・エレクトロニクス技術は必要不可欠です．

　そのパワー・エレクトロニクス技術において，電圧・電流をスイッチングすることによって，必要とする電圧・電流に変換するスイッチング素子がIGBTです．数kWから数十MWまでの電力変換回路のほとんどにIGBTが使用されており，今後ますますその需要は増加していくものと予想されています．

　同様なスイッチング素子であるMOSFETに関する解説書は，CQ出版社からも「パワーMOS FET活用の基礎と実際」として出版されるなど，数多くの書籍が出版されています．しかし，IGBTに関してはこのようなまとまった解説書はほとんどないので，多くの電力変換装置設計者や省エネのためにこれからIGBTを使用した電力変換回路を設計・活用しようと考えておられる方には，必携の書となるものと期待しています．

　第1章は，IGBTの基礎知識として，基本的なデバイス構造，パッケージ構造，電気的特性の読み方およびIGBT適用製品例まで記載しています．また，最新のデバイス技術動向やパッケージ動向まで記載し，初心者のみならず専門家にとってもIGBTのことがよくわかるように解説しています．

　第2章は，IGBTを駆動するゲート駆動回路の設計技術について記載しています．ゲート抵抗などを変化させたときのIGBTの挙動から，具体的に市販されているゲート駆動回路製品まで紹介し，より実用的にまとめました．

　第3章は，保護回路の設計と大容量化する際の並列接続技術を記載しました．過電圧保護や短絡保護など具体的な設計手法を解説しました．

　第4章は，放熱設計技術について記載しました．パソコンを使用してIGBTのデー

タシートから簡易的な方法でIGBTの損失を計算する手法までを説明しました．さらに，冷却体の選定方法やIGBTのヒートシンクへの取り付け方法まで実用的な内容を記載してあります．

　第5章は，ノイズ低減技術について記載しています．IGBTがスイッチングする際に発生する伝導性ノイズと放射性ノイズの発生機構とその対策方法までを具体的に解説しました．

　第6章は，トラブル発生時の対処方法を記載しました．過電圧破壊や過電流破壊などの電気的なトラブルから熱的な応力による寿命まで具体的な事例と対処方法を解説しました．

　最後の第7章は，ゲート駆動回路から保護回路まで内蔵したインテリジェント・パワー・デバイスIPMについて，特徴，機能および応用回路を記載しました．

　以上のように，本書はIGBTの基礎知識からゲート回路などの周辺回路設計，さらにノイズの低減方法やトラブル事例と対処方法まで，IGBTを適用する際に必要となる技術を網羅した実用書です．本書がIGBTを使用した電力変換回路の設計者のお役に立てることを期待します．

　最後に，本書の企画から出版にいたるすべてにお世話になったCQ出版社 蒲生良治氏ならびに山岸誠仁氏に心から感謝の意を表します．

2010年11月　　五十嵐　征輝

執筆担当一覧
第1章　小野澤勇一，後藤友彰，五十嵐征輝
第2章　五十嵐征輝
第3章　宮下秀仁
第4章　五十嵐征輝，後藤友彰
第5章　五十嵐征輝
第6章　五十嵐征輝
第7章　渡辺　学

パワー・デバイスIGBT活用の基礎と実際

目次

第1章 IGBTの基礎知識 ─── 009

- **1.1 パワー半導体デバイスの種類** ─── 009
- **1.2 パワー半導体デバイスの構造と特徴** ─── 012
  - サイリスタ 012
  - バイポーラ・トランジスタ 015
  - MOSFET 016
  - IGBT 017
- **1.3 IGBTの最新技術** ─── 020
  - IGBTの理想的なキャリア分布 021
  - 理想的なキャリア分布を実現するための技術革新 022
- **1.4 IGBTのいろいろな製品** ─── 027
  - モジュール構造 030
- **1.5 パッケージの進化** ─── 032
- **1.6 IGBTの電気的特性** ─── 033
  - 絶対最大定格 036
  - 静特性(出力特性) 036
  - スイッチング特性 037
  - 容量特性 040
  - 安全動作領域 042
  - 還流ダイオード(FWD)の特性 042
  - 過渡熱抵抗特性 043
- **1.7 IGBTの選び方** ─── 044
  - 電圧定格 044
  - 電流定格 044
- **1.8 IGBTモジュール選定の際の注意事項** ─── 046
- **1.9 IGBTを使用した装置** ─── 050
  - column IGBTの等価回路の表記について 019

第2章 ゲート・ドライブ回路の設計 ——————— 061

- 2.1 ゲート順バイアス電圧 $+V_{GE}$ (ON期間) ——————— 061
- 2.2 ゲート逆バイアス電圧 $-V_{GE}$ (OFF期間) ——————— 062
- 2.3 ゲート抵抗 R_g ——————— 063
- 2.4 ドライブ電流について ——————— 065
- 2.5 デッド・タイムの設定 ——————— 067
- 2.6 ゲート・ドライブ回路の具体例 ——————— 068

第3章 保護回路の設計と並列接続 ——————— 077

- 3.1 短絡保護と過電流保護 ——————— 077
  - 短絡の発生原因と短絡耐量　077
  - 短絡（過電流）の検出方法　079
- 3.2 過電圧保護 ——————— 081
  - コレクタ-エミッタ間過電圧発生要因　081
  - 過電圧抑制方法　082
  - スナバ回路の種類と特徴　083
  - 放電阻止型 RCD スナバ回路の設計方法　084
  - サージ電圧の特性　090
- 3.3 過熱保護 ——————— 090
  - 放熱フィン温度 (T_f) 検出による保護　090
  - モジュール・ケース温度 (T_c) 検出による保護　091
  - モジュール内蔵IGBTチップ温度 (T_j) 検出による保護　092
- 3.4 電流分担の阻害要因 ——————— 092
  - ON状態での電流不均衡の要因　092
  - ターンオン/ターンオフ時の電流不均衡の要因　094
- 3.5 並列接続方法 ——————— 094
  - 配線方法　094
  - 素子特性と電流分担の関係　095

第4章 放熱設計方法 ——————— 097

- 4.1 発生損失の求め方 ——————— 097
- 4.2 DCチョッパで発生する損失の計算方法 ——————— 098
- 4.3 近似式を用いたPWMインバータの発生損失 ——————— 100
- 4.4 損失シミュレーション・ソフトを用いた計算 ——————— 102
  - IGBT損失シミュレーション・ソフトについて　102

　　　　負荷モードが連続時の計算　105
　　　　負荷モードが変化する場合の計算　107
4.5　ヒート・シンク(冷却体)の選定方法 ── 110
　　　　定常状態の熱方程式　110
4.6　過渡状態の熱方程式 ── 112
　　　　冷却体の種類　112
4.7　ヒート・シンクの取り付け方法 ── 114
　　　　ヒート・シンク表面の仕上げ　114
4.8　サーマル・コンパウンドの塗布 ── 115
　　　　サーマル・コンパウンドの種類　115
　　　　サーマル・コンパウンドの塗布方法　117
4.9　IGBTモジュールの締め付け方法 ── 117

第5章　ノイズ低減対策技術 ── 119

5.1　インバータ・システムのEMC ── 119
5.2　EMI性能 ── 121
5.3　インバータにおけるEMI対策 ── 122
　　　　コモン・モード・ノイズとノーマル・モード・ノイズ　122
　　　　インバータのノイズ対策　123
　　　　モジュール特性に起因するノイズの発生メカニズム　124
5.4　IGBTモジュールの適用におけるEMI対策 ── 127
　　　　モジュールの特性が影響する周波数帯　127
　　　　伝導性ノイズ(雑音端子電圧)対策　128
　　　　IGBTへの放射ノイズ対策　131
　　　　まとめ　138

第6章　トラブル発生時の対処方法 ── 139

6.1　故障の判定方法 ── 140
6.2　代表的なトラブルとその対処方法 ── 144

第7章　インテリジェント・パワー・モジュールIPM ── 153

7.1　IPMの特徴 ── 153
7.2　IPMの機能 ── 156
　　　　パワー部の特徴　158
　　　　制御部(IGBT駆動，保護機能)の特徴　159
　　　　保護動作時の出力OFF動作　159

| 7.3 | **IPMに内蔵されている保護機能のタイミング・チャート** ──── 162 |

　　過電流保護（OC）　162
　　短絡保護（SC）　163
　　ケース過熱保護機能　165
　　IGBTチップ過熱保護機能（OH）　166
　　制御電源電圧低下保護（UV）　170

| 7.4 | **IPMの応用回路** ──── 172 |

　　参考文献 ─────────────── 177
　　索引 ──────────────── 179
　　著者略歴 ─────────────── 183

第1章 IGBTの基礎知識

　IGBT(Insulated Gate Bipolor Transistor，絶縁ゲート型バイポーラ・トランジスタ)は，MOSFETとバイポーラ・トランジスタの長所を活かしたパワー半導体デバイスです．パワー半導体デバイスとは，電源やモータ制御などのように電力を消費する電子回路で使用される半導体素子です．ディスクリートのパワー半導体デバイスとしては，整流ダイオード，トランジスタ，サイリスタなどがありますが，IGBTはトランジスタに分類されます．

　これらのパワー半導体デバイスは，電流あるいは電圧をON/OFFすることによって電力をコントロールすることが重要な役割になります．このときのスイッチング速度は，主として直流から低周波領域ではサイリスタが，中速度ではバイポーラ・トランジスタが，そして高速度ではMOSFETが使用されています．このスイッチング速度は，効率の向上と装置の小型化の要求により高速化が進んでいます．IGBTは，バイポーラ・トランジスタとMOSFETの中間に位置しており，モータ可変速駆動装置や産業用ロボット装置，コンピュータの無停電電源装置(UPS)など，スイッチング周波数が数kHz～20kHz程度の中容量の装置に使われています．

　最近では，小容量(家庭用・業務用エアコン，冷蔵庫のコンプレッサ駆動など)から大容量では電車のモータ駆動装置など，我々の周りのいろいろな電気機器にIGBTが使われるようになってきました．

1.1　パワー半導体デバイスの種類

　パワー・エレクトロニクスは，パワー半導体デバイスを用いて電力を変換する技術として発展してきました．本節では，パワー・エレクトロニクスのキー・パーツであるパワー半導体デバイスの代表例とその動作や機能について説明します．

　図1-1に，主なパワー半導体デバイスの発展のようすを示します．サイリスタは，水銀整流器に代わるパワー半導体デバイスとして高耐圧化，大容量化が進められ，さらに高電圧パワー半導体デバイスとして光サイリスタや，ON/OFF制御が可能

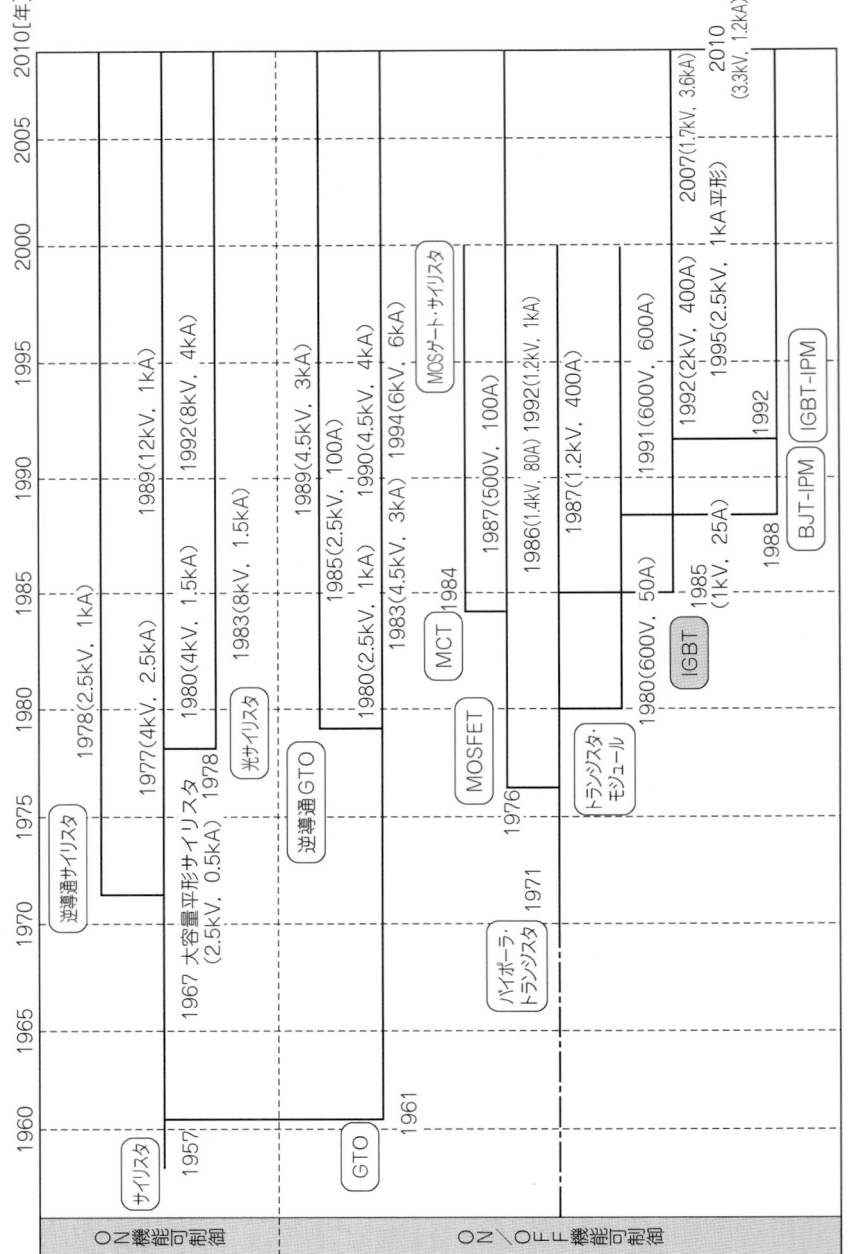

[図 1-1] パワー半導体デバイスの発展[(1)]

010 第1章 IGBTの基礎知識

なGTOに分化しました．一方，三極真空管に代わって登場したバイポーラ・トランジスタ（BJT）は，1970年代にON/OFF制御が可能なデバイスとして中小容量の電力変換装置に適用されました．その後，MOSFETを電力用途に改良したパワーMOSFET（以下，MOSFET）が開発されました．1980年代に入り，MOSゲート制御動作とバイポーラ・トランジスタ動作を併せ持ったIGBTが開発され，大容量でありながら高速スイッチング特性を両立させたパワー半導体デバイスが登場しました．

また，性能の向上に加えて，使いやすさを追求して保護回路や駆動回路までシステム化したパワーICやIPM（Intelligent Power Module）などのパワー半導体デバイスが開発されました．今後もさらに，パワー半導体デバイスの性能向上とシステム化は進んでいくと考えられます．

図1-2は，各パワー半導体デバイスの動作周波数と変換器出力容量を示したものです．サイリスタは，スイッチング速度は低いのですが，数10MVAという大電力装置に適用できます．MOSFETは，スイッチング速度が20kHz以上の高周波領域で，数kVA以下の小容量の装置に適用されています．IGBTは，高速スイッチング動作と大電力容量を備えた素子で，その適用範囲が拡大しつつあり，従来はサイリスタやGTOが使用されていた数MVAの大容量装置にも応用されています．

表1-1に，主なパワー半導体デバイスの構造，シンボルおよび電気的特性の数値例を示します．ダイオードは，電流の方向が一方向で，順電圧がかかるとONします．サイリスタは，順電圧がかかって制御信号を加えるとONしますが，一度ONすると信号を取り除いてもONし続けます．バイポーラ・トランジスタ，MOSFET，IGBT，GTOなどは，制御信号によってONもOFFもできます．

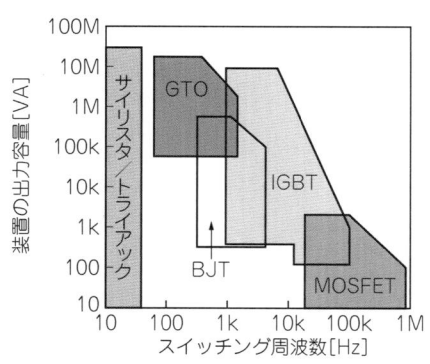

［図1-2］パワー半導体デバイスの適用領域

[表1-1] 主なパワー半導体デバイスの構造と等価回路

		ダイオード	サイリスタ
接合構造		(n⁺/n⁻/p⁺ 構造, K上, A下)	(PNPN 4層構造, G, K, A)
シンボル		(ダイオード記号)	(サイリスタ記号)
電気的特性の数値例	オン電圧[V]	1.8	2.5
	スイッチング時間[μs]	—	400
	定格電圧[V]	4000	4000
	定格電流[A]	1600	3000

1.2 パワー半導体デバイスの構造と特徴

本節では，サイリスタ，バイポーラ・トランジスタ，MOSFETそしてIGBTのそれぞれの構造と特徴，動作原理について説明します．

● サイリスタ

サイリスタは，図1-3に示すようにPNPNの4層構造になっており，等価回路に示すように，上面側のNPNトランジスタと下面側のPNPトランジスタが組み合わされた構造と考えることができます．アノード電極(A)とカソード電極(K)を順バイアスした状態で，ゲート電極(G)とカソード電極(K)間に正の電圧を印加すると，上面側のNPNトランジスタにベース電流が流れて，このトランジスタがONします．すると，カソード側n⁺層から，ゲートp層を通ってn⁻層に電子電流が流れます．この電子電流は，下面側のPNPトランジスタにとってはベース電流になるため，これがONし，アノード側p層からゲート側p層に正孔(ホール)電流が流れます．すると，この電流は再び上面のNPNトランジスタのベース電流に重畳されます．

このように，サイリスタは上面側のNPNトランジスタと，下面側のPNPトラン

	GTO	BJT	MOSFET	IGBT
	3.5	2.5（ダーリントン）	5（0.1Ω）	2.2
	25	18	0.35	1.5
	4500	1200	500	1200
	3000	600	50	400

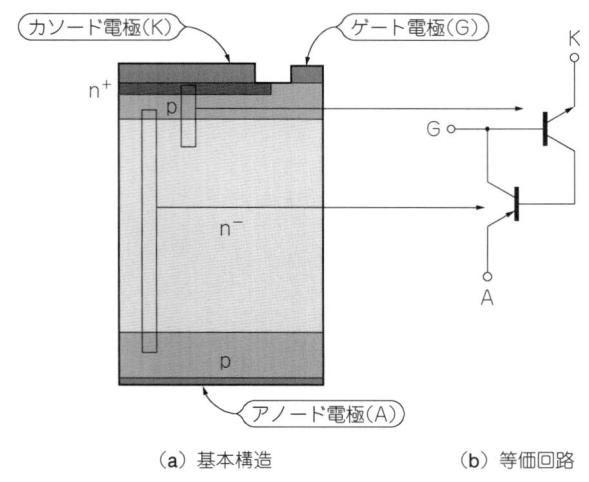

（a）基本構造　　　　　　（b）等価回路

[図1-3] サイリスタの構造と等価回路

ジスタの出力電流がお互いのベース電流となるので，最初に上面側のNPNトランジスタをONさせるだけのパルス状の電流（トリガ電流）を流してやれば，導通状態に遷移させることができます．また，導通後は両方のトランジスタが飽和状態に遷

移するので，非常に低いON電圧になります．**図1-4**に，サイリスタの*I–V*特性を示します．

　サイリスタは，この低いON電圧を活かして，主に高電圧・大電流の用途に用いられます．しかしながら，一般的なサイリスタは外部からの制御信号でOFFにできる自己消弧能力を持たないため，導通を停止（ターンオフ）させるためには，印加電圧を反転させるなどしてアノードとカソード間の電流を一定値以下にする（これを保持電流と呼ぶ）必要があります．転流回路と呼ばれる付加回路を追加することで直流の制御は可能ですが，回路が複雑になる上に，転流回路で損失も発生するため，通常は**図1-5**のような交流の電力制御に使用されます．

　一方，自己消弧能力を持つサイリスタにGTO（Gate Turn Off thyristor）があります．GTOはカソードを細かく分割し，その周りをゲートで囲むことにより，ゲートを逆バイアスしたときにキャリアを引き抜きやすいように工夫した構造になっています．しかしながら，ターンオフのためには負荷電流の数分の一という非常に大きなゲート電流を流す必要があります．このため，制御回路が高価になり，かつ損失や発熱も大きくなるという問題があるので，近年はIGBTに置き換えられつつあります．

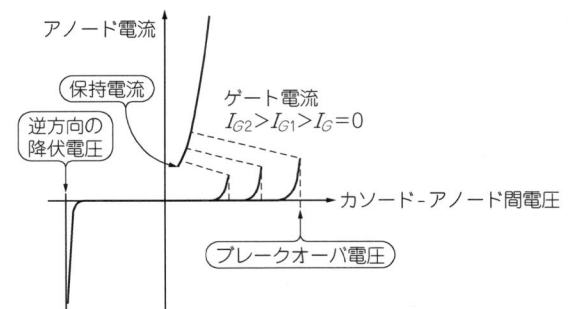

[図1-4] サイリスタの*I–V*特性

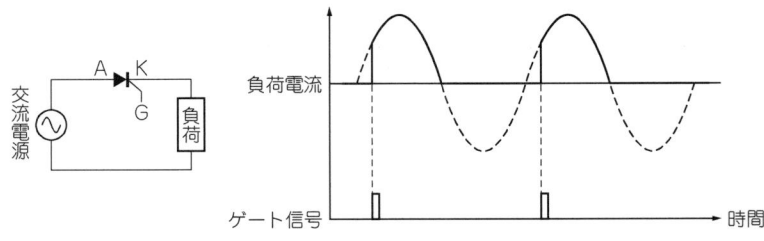

[図1-5] サイリスタを使った交流の電力制御

● バイポーラ・トランジスタ

　バイポーラ・トランジスタの動作原理については，すでに多くの著書で解説されているので，ここではスイッチング素子として用いた場合の動作に限定して解説します．図1-6に，バイポーラ・トランジスタの基本構造の概略図を示します．

　まず，ON状態への移行について説明します．コレクタ電極(C)とエミッタ電極(E)を順バイアスした状態で，ベース電極(B)とエミッタ電極(E)間に正の電圧を印加すると，ベースからエミッタにホール電流が流れ，それに応じてエミッタからベースに電子が注入されます．この電子はベース層中を拡散し，これがコレクタ-ベース間の接合に達するとドリフトでコレクタに達し，トランジスタはON状態に遷移します．

　トランジスタがON状態に移行すると，コレクタ-エミッタ間の電圧は低下し，最終的にベース-エミッタ間の電圧よりも低くなります（飽和状態）．その結果，ベース-コレクタ間も順バイアスされるので，ベースからコレクタ側にもホールが注入され，電圧を支えるドリフト層部分の抵抗が大幅に下がります（これを伝導度変調と呼ぶ）．このため，サイリスタと同様に，導通時の損失を低くすることが可能になります．

　次に，OFF状態への移行について説明します．ベース-エミッタ間の電圧を0Vあるいは負の電圧を印加してベース電流の供給を止めると，素子内の蓄積キャリアは減少し，最終的にベース-コレクタ間が逆バイアスされ，トランジスタはオフ状態になります．このように，バイポーラ・トランジスタは自己消弧能力があるため

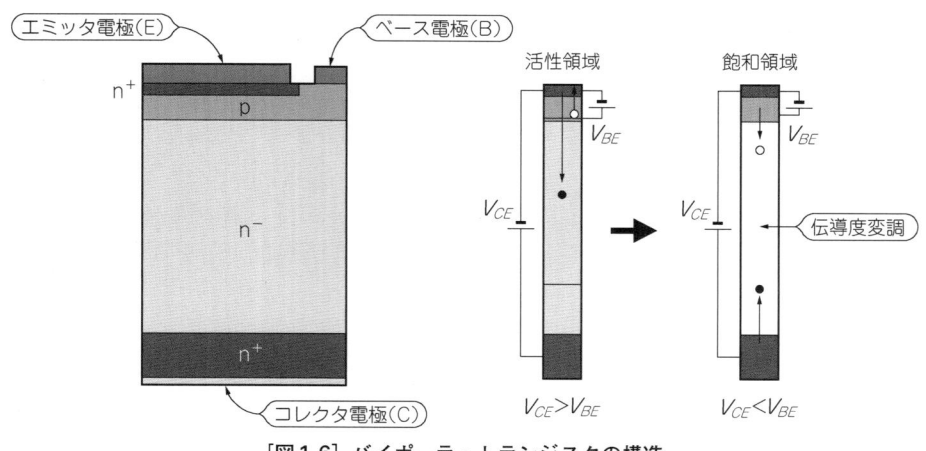

[図1-6] バイポーラ・トランジスタの構造

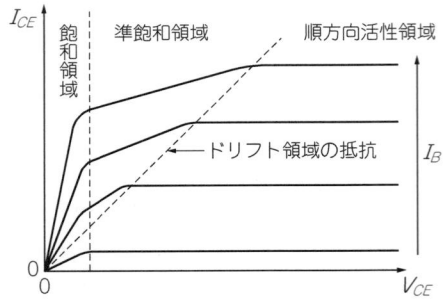

[図1-7] バイポーラ・トランジスタの I–V 特性
(B. J. Baliga著,「Power Semiconductor Devices」,PWS Publishing, 1996 より引用)

直流回路へ容易に適用できます.

図1-7に,バイポーラ・トランジスタの I–V 特性を示します.出力電流はベース電流によって変化し,かつこれが飽和することが分かります.したがって,素子自身に電流制限機能を持たせることができるため,サイリスタと比べて特に短絡時の破壊耐量を拡大させることができます.また,コレクタ側にPN接合を持たないため,接合電圧が生じないという利点があります.この結果,電流が V_{CE} = 0V から立ち上がるため,特に低電流領域の導通損失を小さくすることができます.

このような特徴から,バイポーラ・トランジスタは比較的小容量でスイッチング周波数の低いアプリケーションに用いられてきました.しかしながら,サイリスタと同様にベースを電流駆動する必要があるため,制御回路が高価になること,二次降伏(ブレークダウン後に降伏電圧がさらに下がる現象)が生じるため,安全動作領域が狭いことなどから,MOSFETやIGBTへの置き換えが進んでいます.

● MOSFET

パワー半導体デバイスとして用いられるMOSFETも,ロジックICに用いられるMOSFETも動作原理は同じです.ただし,単位面積あたりの電流を大きくするために,縦型の素子が主流であることと,高い電圧を支えるために,厚くて濃度の低いドリフト層を持っています.図1-8に,パワーMOSFETの基本構造を示します.ドレイン電極(D)とソース電極(S)の間を順バイアスした状態で,ゲート電極(G)に正の電圧を印加すると,酸化膜下に電子の層(チャネル)が誘起され,ソース領域とドリフト領域が電気的につながり,電流が流れるようになります.ゲート電圧を0V,または負の電圧を印加するとチャネルが消滅するため,素子はOFF状態になります.

図1-9に,MOSFETの I–V 特性を示します.ON時はドリフト層-チャネル-ソー

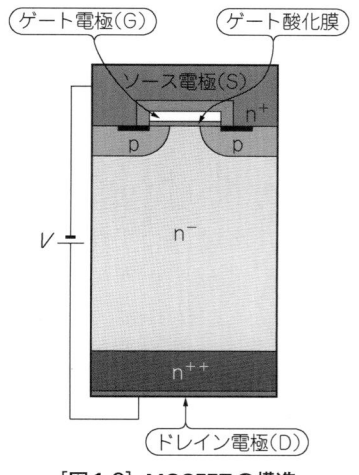

[図1-8] MOSFETの構造

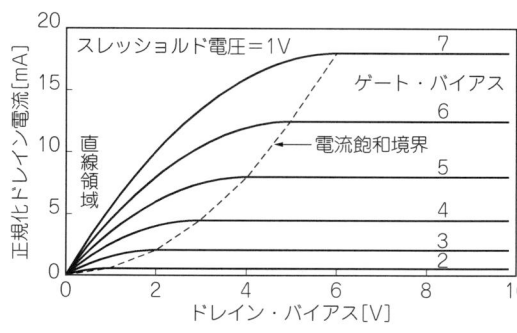

[図1-9] MOSFETの I-V 特性（B. J. Baliga著，「Power Semiconductor Devices」，PWS Publishing, 1996より引用）

ス領域の抵抗体となるため，電流は $V_{DS}=0\mathrm{V}$ から直線的に立ち上がります．また，ゲート電圧によって，I-V 特性の傾きと飽和電流が変化することが分かります．

このようにMOSFETでは，ゲートに印加する電圧によってドレイン-ソース間の電流を制御することができます．したがって，ゲートの制御回路はMOSFETのゲート容量を充電/放電するための電流を流すだけの能力があればよく，サイリスタやバイポーラ・トランジスタに比べて，この制御回路を著しく小型・低損失化することが可能になります．また，ドリフト層へのキャリアの蓄積がないため，スイッチングを非常に高速化することができます．サイリスタやバイポーラ・トランジスタでは実現できない100kHz以上のスイッチングも可能になります．その反面，キャリアの蓄積がないため，高耐圧化するためにドリフト層の濃度を薄く，厚さを厚くしていくと，それがそのままON抵抗に反映されて，導通損失が著しく大きくなるという問題があります．

以上の得失から，MOSFETは主に600V以下の素子耐圧で，かつスイッチング周波数の高い領域のアプリケーションに用いられます．

● IGBT

前述したように，MOSFETはゲートを電圧で駆動できること，出力電流が飽和特性を示すこと，二次降伏がないため安全動作領域が広いことなど，スイッチング素子として優れた特性を持ちます．このため，バイポーラ・トランジスタに置き換

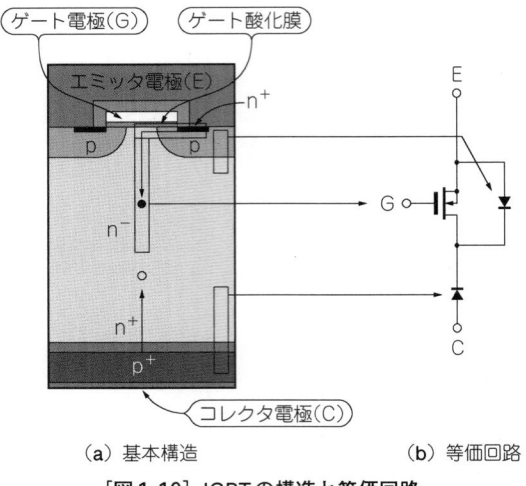

(a) 基本構造　　　　　　　　(b) 等価回路
[図1-10] IGBTの構造と等価回路

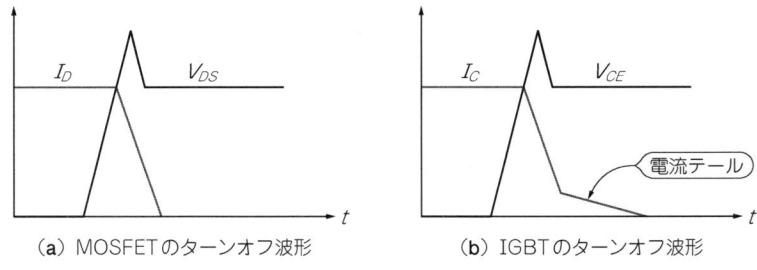

(a) MOSFETのターンオフ波形　　　(b) IGBTのターンオフ波形
[図1-11] IGBTとMOSFETのターンオフ波形の比較

えられて適用範囲が拡大していますが，唯一の欠点として伝導度変調効果を利用しない素子であるため，高耐圧化した場合の導通損失が著しく大きくなるという問題があります．

そこで，この欠点を補うために開発されたのが，IGBT(Insulated Gate Bipolar Transistor)です．**図1-10**にIGBTの基本構造を示しますが，その構造はMOSFETのドレイン側にp層を追加しただけの非常にシンプルなものです．これを等価回路で表すと，ちょうどMOSFETにPINダイオードを直列に接続した形になることが分かります．

動作原理を簡単に示すと，コレクタ電極(C)–エミッタ電極(E)間を順バイアスした状態で，上面側のMOSFETをONさせると，下面側のダイオードのPN接合が

column
IGBTの等価回路の表記について

　従来，IGBTの等価回路は**図1-A**のようにMOSFETとPNPトランジスタの組み合わせで表記されていました．上面側のMOSFETがONすると，この電子電流がベース電流となって下面側のPNPトランジスタが動作するというものです．このため，当初IGBTはバイポーラ・トランジスタと同様に安全動作領域が狭く，また2,000V以上の耐圧を持つデバイスは作れないといわれていました．しかしながら，実際のIGBTはバイポーラ・トランジスタの10倍以上の破壊耐量を持ち，耐圧クラスも6,500Vのデバイスが商品化されています．また，このモデルで計算されるON時のキャリア分布より，実デバイスの方がよりダイオードに近い理想的な分布になることも分かってきました．以上のことから，最近はIGBTの等価回路は本文中で示したような「MOSFET」と，部分的にカソード側にp層を持つ「不完全なPINダイオード」との直列モデルが正しいものとして認識されつつあります．

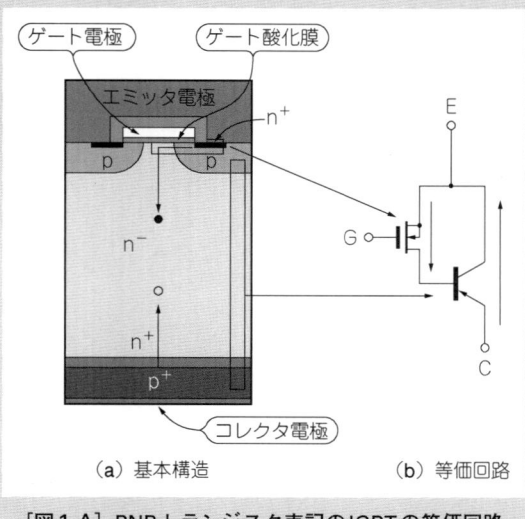

[図1-A] PNPトランジスタ表記のIGBTの等価回路

順バイアスされ，p層からホールが注入してドリフト層が伝導度変調されます．また，MOSFETをOFFさせると上面側のPN接合が逆バイアスされるので，下面側のダイオードからのホール注入も止まります．すなわち，MOSFETのゲートの電圧駆動と，バイポーラ・トランジスタやサイリスタの伝導度変調効果のよいところ

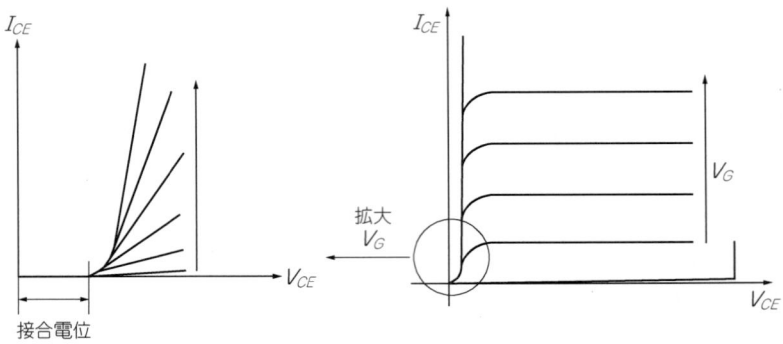

[図1-12] IGBTの*I*–*V*特性
（B. J. Baliga著，「Power Semiconductor Devices」，PWS Publishing, 1996より引用）

を取ったデバイスがIGBTといえます．

　しかしながら，伝導度変調効果でON電圧を下げているため，OFF時にはドリフト層に溜まったキャリアを吐き出す必要があります．図1-11は，IGBTとMOSFETのターンオフ時の波形を比較したものです．図のようにIGBTではターンオフの後半に電流が流れ続ける期間があることが分かります．これは，ドリフト層内に蓄積したキャリアが再結合で消滅するまで流れる電流で「テール電流」と呼ばれています．このため，IGBTではON電圧とターンオフ時のスイッチング損失はトレードオフの関係にあり，このトレードオフをいかに改善するかがIGBTの特性向上のポイントになります．

　また，サイリスタと同様，コレクタ側にPN接合を持つためにON電圧に必ず接合電位が重畳されます．図1-12にIGBTの*I*–*V*特性を示しますが，電流はV_{CE} = 0Vではなく，接合電位（シリコンの場合，約0.6V）を超えた点から立ち上がっていることが分かります．このため，低い耐圧の領域ではむしろV_{CE}が0Vから立ち上がるMOSFETやバイポーラ・トランジスタの方が有利になるため，IGBTは主に600V以上の高い素子耐圧を必要とするアプリケーションで用いられます．

1.3　IGBTの最新技術

　前節で説明したように，IGBTは伝導度変調効果でON電圧を下げているため，ドリフト層に蓄積されたキャリアによって生じるテール電流によってターンオフ損失が増加します．

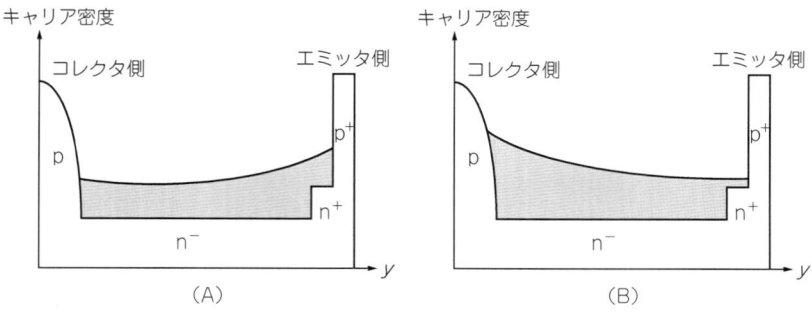

[図1-13] IGBTの蓄積キャリア分布

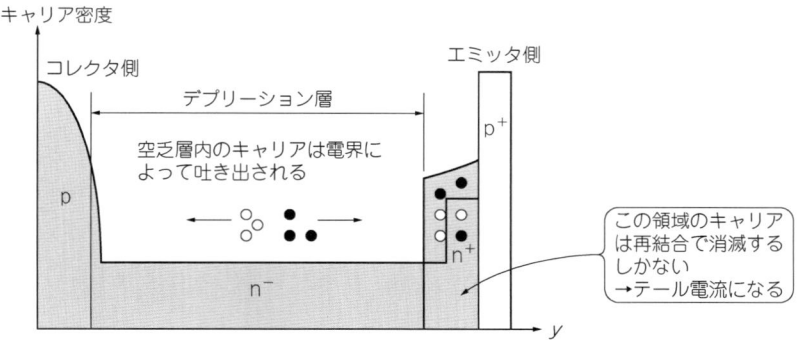

[図1-14] ターンオフ中の蓄積キャリアの振る舞い

　テール電流を減らすためには，例えばドリフト層中にわざと欠陥を作ってライフタイムを下げることによりキャリアの消滅速度を速める方法がありますが，そうすると導通損失が増大するという問題があります．IGBTの特性改善の歴史は，この導通損失とターンオフ損失のトレードオフ改善の歴史そのものでした．

● IGBTの理想的なキャリア分布
　それでは，どのようなキャリア分布がIGBTの特性改善にとって有効なのでしょうか．図1-13に示すように，エミッタ側が高く，コレクタ側が低い分布(A)と，逆にエミッタ側が低く，コレクタ側が高い分布(B)を考えます．
　図1-14は，IGBTがターンオフするときの蓄積キャリアの振る舞いです．コレクタ-エミッタ間の電圧上昇に伴って，ドリフト層内に空間電荷領域が広がるため，この領域の蓄積キャリアは電界によって急速に吐き出されます．一方，空間電荷領域が届かないコレクタ側のキャリアは再結合でゆっくりと消滅するため，長いテー

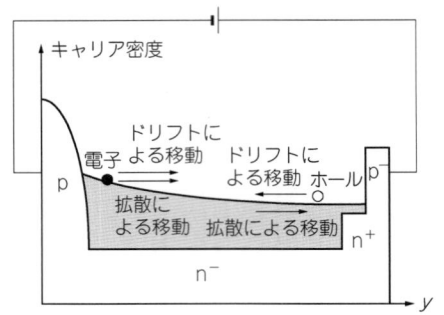

[図1-15] 電子とホールの移動方向

ル電流を生じます．したがって，コレクタ側のキャリア密度が高く，エミッタ側のキャリア密度が低い(A)の分布の方が，導通損失とターンオフ損失のトレードオフ改善に有効であることが分かります．

また，(A)の分布では，**図1-15**に示すように電子の拡散とドリフトが同じ方向なのに対し，ホールの拡散とドリフトの方向は逆になっていることが分かります．つまり，キャリアの移動が主に移動度の高い電子によって行われるため，蓄積キャリアの総量が同じであっても，(B)の分布より低い導通損失を実現することが可能になります．

● 理想的なキャリア分布を実現するための技術革新
(1) 低注入コレクタ＋Field Stop構造

下面側のキャリアの再結合を早める方法として，前述したようにドリフト層内に欠陥を形成してライフタイムを下げる方法がありますが，この方法では**図1-16**に示すように蓄積キャリアが全体的に下がってしまいます．そこで同図(**b**)に示すように，コレクタ層から注入されるホールを絞ってやれば，下面側のキャリアだけを効果的に下げることができるようになります．コレクタからのホールの注入を抑えるには，コレクタ層の濃度を下げる必要があります．しかしながら，これまでのIGBTは，高濃度のp型層を基板に持つEPIウェハを使っていたため，どうしてもライフタイム制御が必要でした．

これをブレークスルーしたのが，NPT(Non Punch Through)-IGBTの技術です．**図1-17**に示すように，EPIウェハを使ったIGBTでは基板の高濃度p層をそのままコレクタ層として用いるのに対し，NPT-IGBTではFZウェハを所望の厚さまで薄く削った後，イオン注入によって裏面コレクタ層を形成します．この結果，ライフ

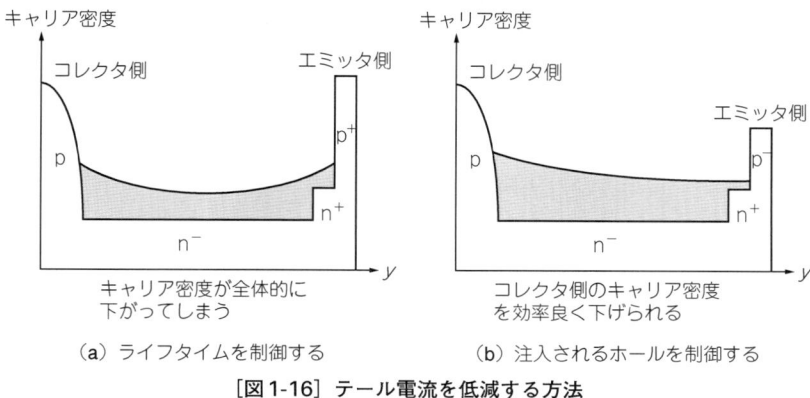

(a) ライフタイムを制御する　　(b) 注入されるホールを制御する

[図1-16] テール電流を低減する方法

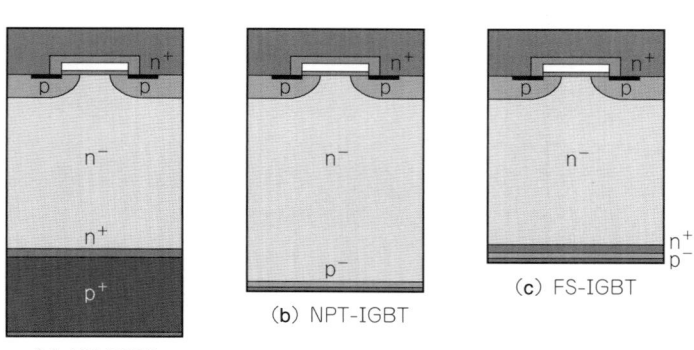

(a) PT-IGBT　　(b) NPT-IGBT　　(c) FS-IGBT

[図1-17] IGBTの構造の比較

タイム制御を行わなくてもコレクタからのホールの注入量を正確に制御することが可能になりました．

しかしながら，NPT-IGBTでは電界を止める働きをするFS（Field Stop）層を持たないため，その名のとおり，空乏層が下面にパンチ・スルーしないように設計する必要があります．このためEPI-IGBTに比べてドリフト層が厚くなるという問題がありました．

そこで，コレクタ層だけでなく，このFS層もイオン注入で形成したのがFS-IGBTです．FS-IGBTでは，電界を止めるFS層を追加することでEPI-IGBT並みのドリフト層の厚さを実現し，かつNPT-IGBTと同等のコレクタの注入制御を併せ持つことにより，大幅な特性改善を実現しました．

(2) トレンチ・ゲート構造によるキャリア蓄積効果

前項では下面側のキャリアを下げる方法について述べましたが，ここでは上面側のキャリアを持ち上げる方法について述べます．図1-18にIGBTの断面図を示しますが，破線Aと破線Bにおけるキャリア分布を比べると，Bにおけるキャリアがエミッタ側でゼロに落ち込んでいることが分かります．これは，導通時であっても上面側のPN接合が逆バイアスされているため，ここに到達したホールがドリフトでエミッタ領域に吸い出されてしまうためです．したがって，IGBTではこのホールの吸い出しに寄与する逆バイアスされたPN接合をできるだけ狭くすることが，理想的なキャリア分布を実現するために重要になります．

これを実現する方法として，例えば図1-19のようにpベース層を微細化した構造などが開発されました．しかし，この効果を劇的に発揮させたのは，図1-20に

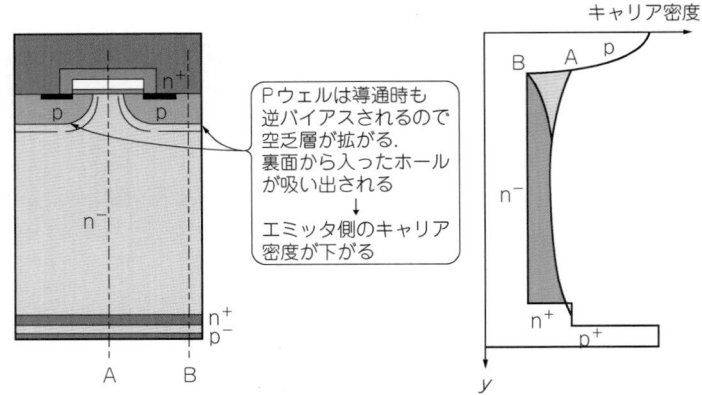

[図1-18] ホール吸い出しによる表面キャリアの低下

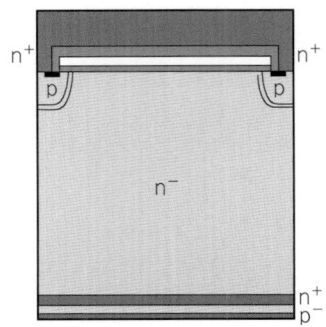

[図1-19] 微細化によるpベース層の狭小化

示すトレンチ・ゲートを使った構造です．pベースをトレンチ・ゲートで挟むことで，逆バイアスされたPN接合の面積が著しく狭くなり，かつ空間電荷領域の広がりもトレンチの突き出しで抑えられるため，表面側のキャリア蓄積効果が大幅に向上し

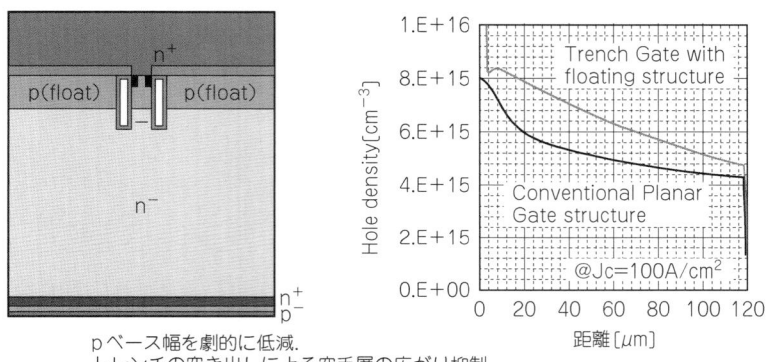

pベース幅を劇的に低減．
トレンチの突き出しによる空乏層の広がり抑制

[図1-20] トレンチ・ゲートによるpベース層の狭小化

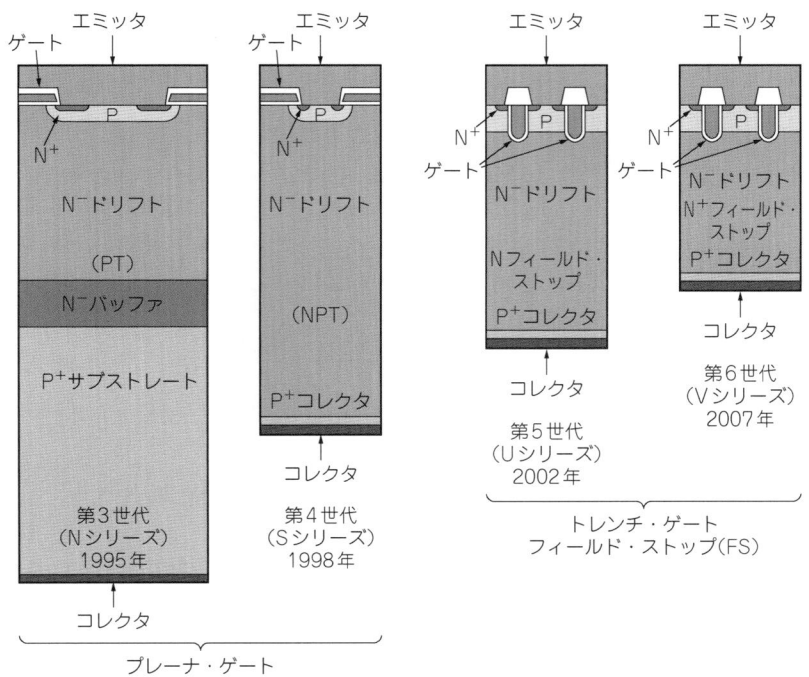

[図1-21] 富士電機製IGBTの世代ごとの構造

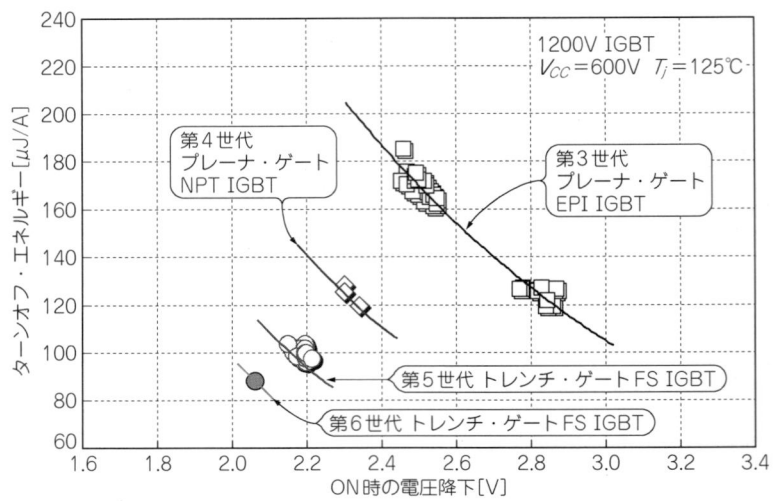

[図1-22] E_{off}-V_{on}のトレードオフの比較

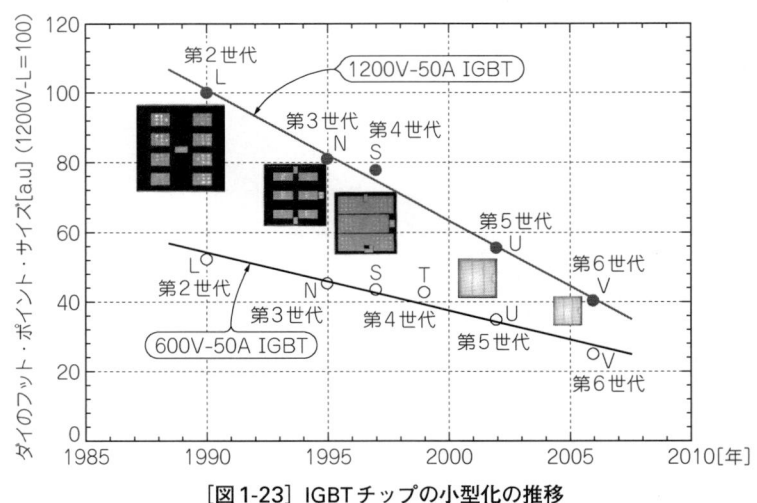

[図1-23] IGBTチップの小型化の推移

ました.

　IGBTは，Field Stop構造によるコレクト注入量の制御と薄ウェハ化，トレンチ・ゲート構造による表面キャリアの蓄積効果増大という二つの大きな技術革新によって，大幅な特性改善を果たしました．図1-21に富士電機のIGBTの変遷を示しますが，第5世代よりトレンチ・ゲートとFS構造を採用しています．図1-22に，各

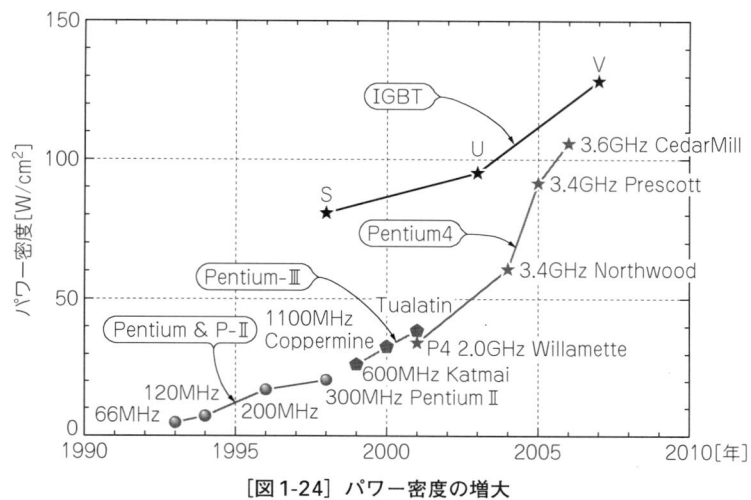

[図1-24] パワー密度の増大

シリーズのE_{off}-V_{on}のトレードオフ，図1-23にチップ・サイズの変遷を示しますが，例えば第3世代のNシリーズと第6世代のVシリーズを比較すると，チップ面積が約半分になっているにもかかわらず，E_{off}-V_{on}のトレードオフ上で約1.0Vと劇的に改善していることが分かります．

一方，IGBTのパワー密度は，図1-24に示すように増大しています．先の二つの技術革新によりIGBTの特性改善は飽和しつつあり，その中でさらなるチップの小型化を進めていくには，アセンブリを含めた熱的なマネージメントが非常に重要になると考えられます．

1.4　IGBTのいろいろな製品

直流から交流を生成するインバータ回路では，ブリッジ接続したIGBTでモータなどの誘導性負荷の電流をON/OFFすることにより負荷を制御します．したがって，IGBTデバイスに加えて負荷電流を転流させるためのダイオード（FWD：Free Wheeling Diode）が必要になります．市販されているIGBT，特にモジュール・タイプの製品では，FWDを内蔵させたものが一般的になっています．

表1-2に，代表的なIGBT製品の種類，回路構成，特徴などを示します．ディスクリート・タイプの製品は，IGBTが1素子，またはIGBTとFWDが逆並列に接続された1in1（1個入り）タイプです．IGBTモジュールは，基本的に1in1，2in1，6in1，

PIMの4種類が存在し，それぞれ**表1-2**に示すような回路構成になっています．
　モジュール型IGBTの基本構成は，銅などの金属ベース上に絶縁層を介してIGBTおよびFWDチップを回路パターン上に実装し，アルミニウム・ワイヤで端子などに配線した後，ケースを接着したものです．これらのモジュール型は，ディスクリート・タイプと同じく1in1のシンプルな製品から，整流ダイオードや直流回路充電用サイリスタ，温度検出サーミスタまでが内蔵されているPIM（Power

[表1-2] 主なIGBTの種類と特徴（富士電機製）

名　称	外　観	内部回路
ディスクリート （TO-247Nなど）	FGW75N60HD	または
1in1	1MBI600U4-120	
2in1	2MBI300U4H-170-50	
6in1 7in1	7MBI755A-120B	
PIM	7MBR100SB060	

028　第1章　IGBTの基礎知識

Integrated Module）など，いろいろな製品があります．

　モジュール・タイプのIGBTは，IGBTチップと金属ベース（底面）とが内部で絶縁されているので，ディスクリート・タイプのように電気回路と冷却フィンとの絶縁を気にする必要がありません．また，モジュール内部でIGBTチップを多数並列に接続したり，またはモジュール自体を並列に使用することによって大容量化が容易にできます．

特　徴
ディスクリート型のパッケージ．IGBT単体またはIGBTとFWDが1個ずつ内蔵されている．小容量タイプ（〜75A）で応用装置の範囲も広い．
モジュールの中に，IGBTとFWDが各1個内蔵されている．定格電流が大きい製品に多いタイプで，並列で使用することによりさらに大容量化できる．
IGBTとFWDが各2個内蔵されている．これを2個または3個1組でブリッジ回路を構成できる．並列での使用も比較的容易．
IGBTとFWDが各6個内蔵されている．モジュール1個で三相インバータが構成できる．また，ブレーキ回路（7in1タイプ）や温度検出サーミスタが内蔵されている場合もある．
6in1，7in1に加えて，コンバータ（整流ダイオード）を加えたモジュール．製品によってはサーミスタや電源充電用のサイリスタを内蔵している．

ピン端子形のものは，モジュールの上にプリント基板を直接はんだ付けできるので，回路構造を簡易化・小型化できるメリットがあります．

小容量(数A～20A程度)の用途では，ディスクリート・タイプが中心です．モジュール・タイプに比較して低コストであり，実装もコンパクトにまとめることができます．

● モジュール構造

図1-25，図1-26に，代表的なIGBTモジュールの構造を示します．図1-25に示す端子台一体構造モジュールは，ケースと外部電極端子が一体に成型された構造で，またDCB(Direct Copper Bonding)基板を採用することにより低い熱抵抗と高い抗折強度を実現しています．

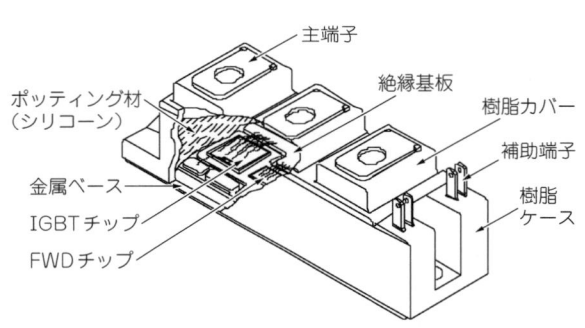

[図1-25] 端子台一体構造IGBTモジュール

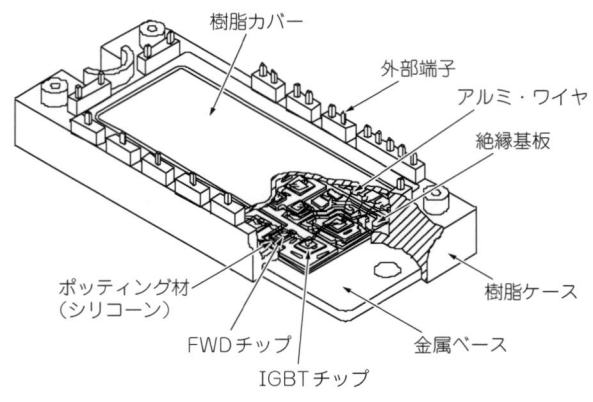

[図1-26] ワイヤ端子接合構造IGBTモジュール

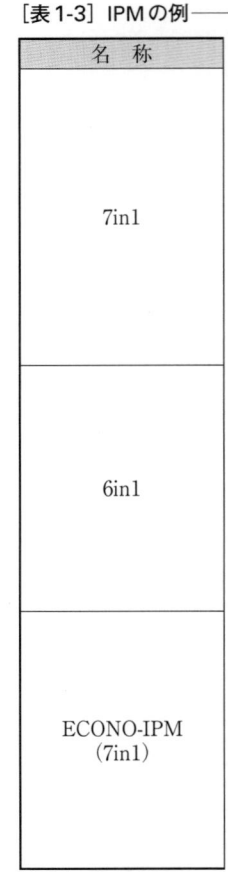

[表1-3] IPMの例

名　称
7in1
6in1
ECONO-IPM (7in1)

図1-26に示すワイヤ端子接続構造モジュールは，主端子をはんだ付けによりDCB基板に接合せずに，ワイヤで接合する構造になっています．これにより，パッケージ構造の簡易化・小型化・薄厚化・軽量化・組立工数の削減などが可能になっています．

　そのほか，IGBTやFWDチップを適切に配置して熱分散をする工夫や，上下アームのIGBT素子を均等に配置してターンオン時の過渡電流バランスを均等化し，ターンオン損失の増加が起こらないような工夫なども行われています．

　また，**表1-3**のIPM(インテリジェント・パワー・モジュール)は，ドライブ回路や保護回路，アラーム出力機能などを内蔵した構造になっています．IPMについては，第7章で詳しく解説します．

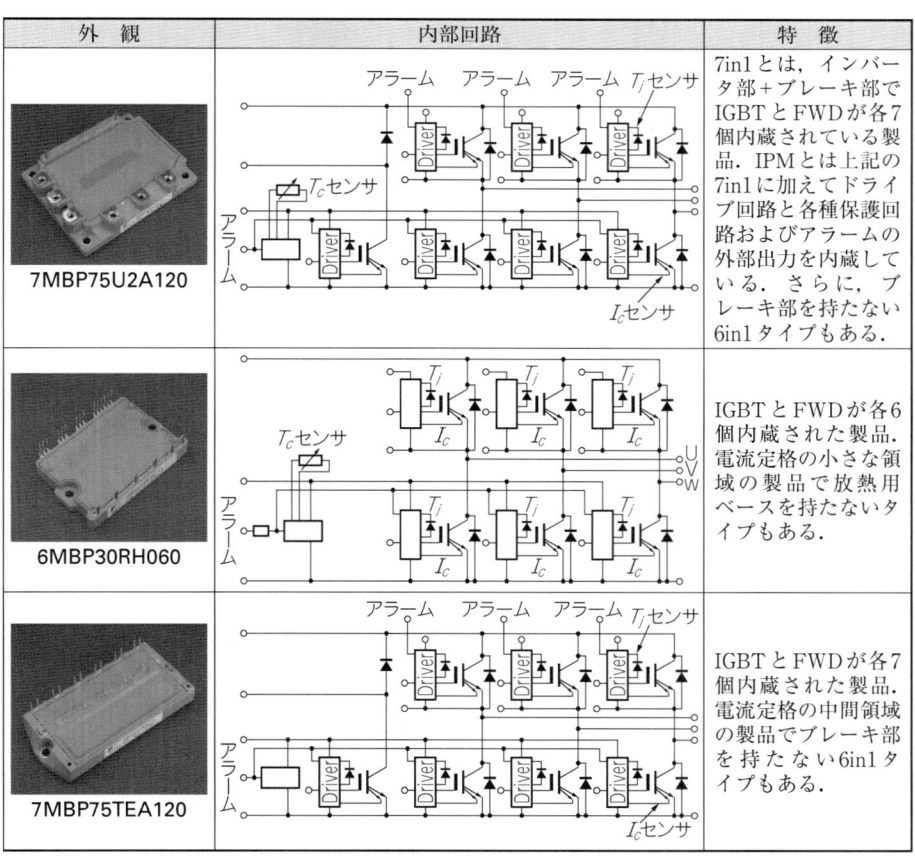

1.4 IGBTのいろいろな製品

1.5 パッケージの進化

図1-27に，富士電機製IGBTモジュール・パッケージの進化のようすを示します．基本構造は，パワー・チップの放熱性と絶縁性を確保するための手段として熱伝導の良いセラミクスを採用しています．チップ周辺の内部配線は，主に銅材料をはんだ付けで接合し，チップははんだ付け後にアルミ・ワイヤにより実装を行い，樹脂封止するパッケージ構造となっています．

▶初代IGBTモジュール

セラミック板にモリブデンなどを蒸着した絶縁基板(メタライズ板)上に，銅ブロック，モリブデン板，チップをはんだ実装し，アルミ・ワイヤで接続した後，外部への引き出し端子をはんだ付けし，ゲル・エポキシの2重封止を行って，さらにフタを取り付けた構造になっていました．

▶L，F，J，KシリーズIGBTモジュール

メタライズ板に変えてセラミック板に銅箔を貼り付け回路形成したDCB基板を採用しています．また，外部端子とフタは端子ブロック構造で一体化させ，端子形状の工夫によりヒート・サイクル耐量の向上を図っています．

▶N，Sシリーズ以降のIGBTモジュール

ベース，DCB，チップをはんだ付けし，アルミ・ワイヤを接続した後，インサート成形で一体化した端子とケースを取り付け，ゲルのみの封止で，最後にフタを取

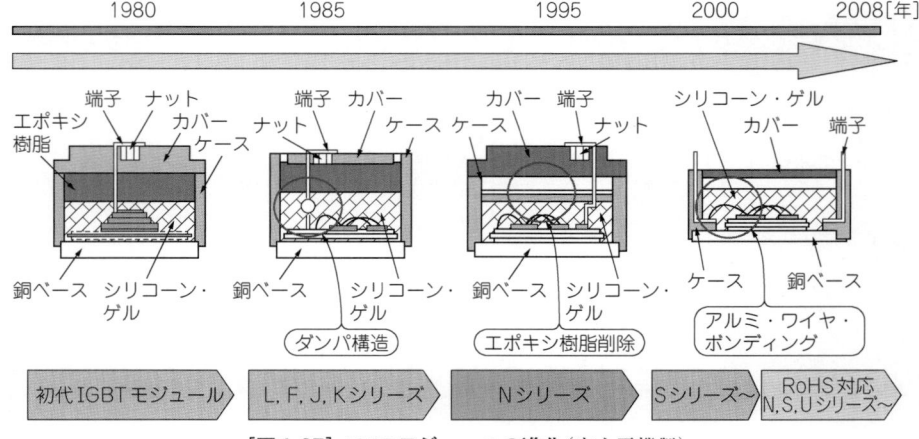

[図1-27] IGBTモジュールの進化(富士電機製)

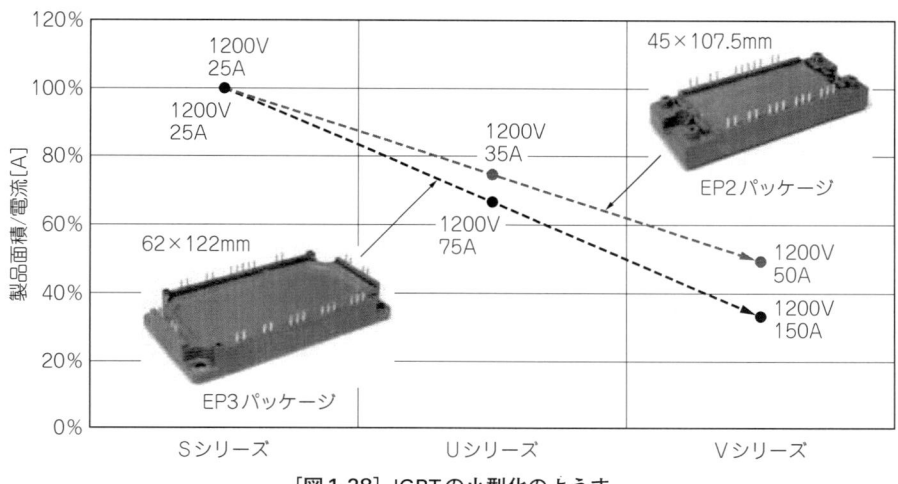

[図1-28] IGBTの小型化のようす

り付ける構造になっており，構造を簡略化して信頼性が向上しています．
▶Sシリーズ以降のEP系列モジュール
　Sシリーズより，内部配線をすべてアルミ・ワイヤ実装とした製品が登場しました．ベース，DCB，チップを同時にはんだ付けした後，ケース接着・ワイヤ接続・ゲル封止・フタを取り付けて完成といった，従来品に比べてシンプルな工程になっています．**図1-28**に，小型化の変化を示します．
▶Uシリーズ以降
　RoHS対応による鉛フリーはんだへの切り替え，および外部端子の表面処理の鉛フリー化を図っています．

1.6　IGBTの電気的特性

　IGBTメーカが発行しているカタログや仕様書には，その製品のさまざまな特性が記載されています．ここでは，富士電機製の1200V/100A素子（Uシリーズ）の特性や波形を例にとり，仕様書に記載されている項目の内容や注意すべき点について説明します．
　表1-4に主な絶対最大定格の記号と定義を，**表1-5**に主な静特性と動特性，サーミスタ特性，熱特性の記号と定義を示します．

[表1-5] 静特性/動特性, 熱特性, サーミスタ特性

	用　語	記　号	定　義
静特性	コレクタ-エミッタ間漏れ電流	I_{CES}	ゲート-エミッタ間を短絡した状態で, コレクタ-エミッタ間に指定の電圧を印加したときのコレクタ-エミッタ間の漏れ電流
	ゲート-エミッタ間漏れ電流	I_{GES}	コレクタ-エミッタ間を短絡した状態で, ゲート-エミッタ間に指定の電圧を印加したときのゲート-エミッタ間の漏れ電流
	ゲート-エミッタ間しきい値電圧	$V_{GE(th)}$	指定コレクタ-エミッタ間電流(コレクタ電流)とコレクタ-エミッタ間電圧(以下V_{CE})におけるゲート-エミッタ間電圧(以下V_{GE})(コレクタ-エミッタ間に微小電流が流れ始めるV_{GE}値, IGBTがONし始めるV_{GE}の尺度として用いられる)
	コレクタ-エミッタ間飽和電圧	$V_{CE(sat)}$	指定のV_{GE}において定格のコレクタ電流を流したときのV_{CE}値(通常, V_{GE} = 15V, 損失を計算する際に重要な値)
	入力容量	C_{ies}	コレクタ-エミッタ間を交流的に短絡した状態で, ゲート-エミッタ間およびコレクタ-エミッタ間に指定の電圧を印加したときのゲート-エミッタ間容量
	出力容量	C_{oes}	ゲート-エミッタ間を交流的に短絡した状態で, ゲート-エミッタ間およびコレクタ-エミッタ間に指定の電圧を印加したときのコレクタ-エミッタ間容量
	帰還容量	C_{res}	エミッタ接地で, ゲート-エミッタ間に指定の電圧を印加したときのコレクタ-ゲート間容量
	ダイオード順電圧	V_F	内蔵ダイオードに指定の順方向電流(通常定格電流)を流したときの順方向電圧($V_{CE(sat)}$と同じく損失を計算する際に重要な値
動特性	ターンオン時間	t_{on}	IGBTのターンオン時にV_{GE}が0Vに上昇してから, V_{CE}が最大値の10％に下降するまでの時間
	立ち上がり時間	t_r	IGBTのターンオン時にコレクタ電流が最大値の10％に上昇した時点から, V_{CE}が最大値の10％に下降するまでの時間
		$t_{r(i)}$	IGBTのターンオン時にコレクタ電流が最大値の10％に上昇した時点から90％に到達するまでの時間
	ターンオフ時間	t_{off}	IGBTのターンオフ時にV_{GE}が最大値の90％に下降した時点から, コレクタ電流が下降する電流の接線上で10％に下降するまでの時間
	立ち下がり時間	t_f	IGBTのターンオフ時にコレクタ電流が最大値の90％から, 下降する電流の接線上で10％に下降するまでの時間
	逆回復時間	t_{rr}	内蔵ダイオードの逆回復電流が消滅するまでに要する時間
	逆回復電流	$I_{rr}(I_{rp})$	内蔵ダイオードの順方向電流遮断時に逆方向に流れる電流のピーク値
逆バイアス安全動作領域		RBSOA	ターンオフ時に指定の条件にてIGBTを遮断できる電流と電圧の領域(この領域を超えて使用すると素子が破壊する可能性がある)
ゲート抵抗		R_g	ゲート直列抵抗値(標準値はスイッチング時間の測定条件に記載)
ゲート充電電荷量		Q_g	IGBTをターンオンさせるためにゲート-エミッタ間に充電される電荷量

(a) 静特性と動特性

用語	記号	定義
熱抵抗	$R_{th(j\text{-}c)}$	IGBTあるいは内蔵ダイオードのチップ-ケース間の熱抵抗
	$R_{th(c\text{-}f)}$	サーマル・コンパウンドを用いて推奨トルク値にて素子を冷却体に取り付けた状態でのケース-冷却体間の熱抵抗
ケース温度	T_c	IGBTのケース温度(通常,IGBTあるいは内蔵ダイオード直下の銅ベース下面の温度)

(b) 熱特性

用語	記号	定義
サーミスタ抵抗	R	指定温度でのサーミスタ端子間の電気抵抗値
B値	B	抵抗-温度特性において任意の2温度間での抵抗変化の大きさを表す定数

(c) サーミスタ特性

[表1-4] 絶対最大定格

用語	記号	定義
コレクタ-エミッタ間電圧	V_{CES}	ゲート-エミッタ間を短絡した状態でコレクタ-エミッタ間に印加できる最大電圧
ゲート-エミッタ間電圧	V_{GES}	コレクタ-エミッタ間を短絡した状態でゲート-エミッタ間に印加できる最大電圧(通常 ±20V$_{(max)}$)
コレクタ電流	I_C	コレクタ電極に許容される最大直流電流
	$I_{C\,pulse}$	コレクタ電極に許容される最大パルス電流
	$-I_C$	内蔵ダイオードに許容される最大直流順電流
	$-I_{C\,pulse}$	内蔵ダイオードに許容される最大パルス順電流
最大損失	P_C	1素子当たりのIGBTに許容される最大電力損失
接合部温度	T_j	素子が連続的に動作できる最大チップ温度(装置での最悪状態において,この値を超えない設計が必要)
保存温度	T_{stg}	電極に電気的負荷をかけずに保存,または輸送できる温度範囲
FWD-電流二乗時間積	$I^2 t$	素子破壊しない範囲で許容される過電流のジュール積分値.過電流は商用正弦半波(50/60Hz),1サイクルで規定
FWD-尖頭サージ順電流	I_{FSM}	素子破壊しない範囲で許容される1サイクル以上の商用正弦半波(50/60Hz)電流のピーク値
絶縁耐圧	V_{iso}	電極をすべて短絡した状態で,電極と冷却体(ヒート・シンク取り付け面に許容される正弦波電圧の最大実効値
締め付けトルク	Mounting	所定のネジで端子と冷却体(ヒート・シンク)を締め付ける際の最大トルク値
	Terminal	所定のネジで端子と外部配線を締め付ける際の最大トルク値

● 絶対最大定格

　絶対最大定格は，IGBTの各端子に印加できる電圧や電流，温度など，いかなる場合も絶対に超えてはいけない重要な特性値を示します．回路を設計する際には，絶対最大定格を超えないような使用条件にするか，逆に使用条件に対し十分に余裕のあるデバイスを選定します．

● 静特性（出力特性）

　出力特性と呼ばれるV_{CE}-I_C特性のV_{GE}依存性を図1-29，図1-30に示します．この特性は，IGBTがONしているときの電圧降下（V_{CE}）と電流（I_C）の関係を示すもので，ON状態でIGBTに発生する損失に関係します．つまり，V_{CE}が低いほど発生損失が小さくなりますが，この特性は接合部温度（T_j）, V_{GE}によって変化するので，

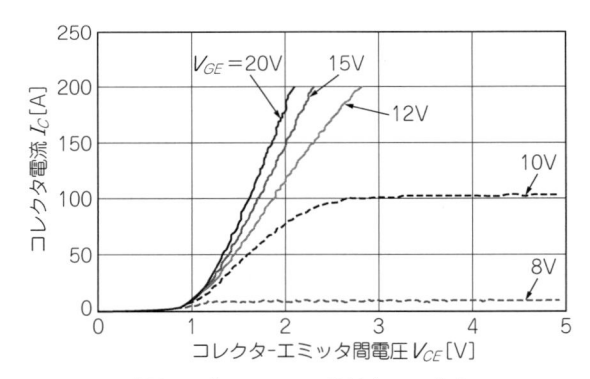

[図1-29]　$V_{CE(sat)}$-I_C特性（$T_j = 25℃$）

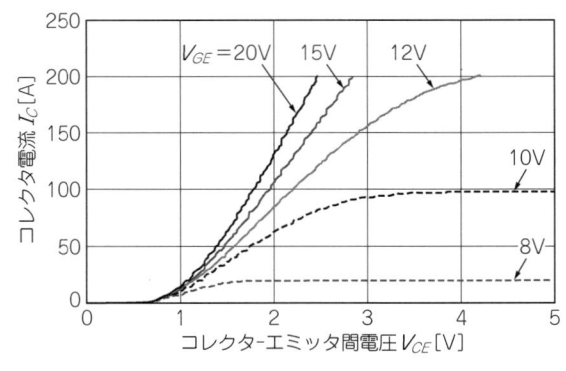

[図1-30]　$V_{CE(sat)}$-I_C特性（$T_j = 125℃$）

これらの特性をよく考慮した上で装置設計を行う必要があります．

　一般的には，$V_{GE}=15\mathrm{V}$において，装置で発生する最大出力電流≦素子のI_C定格電流値以下で使用します．なお，図1-31は図1-29のデータをV_{CE}-V_{GE}特性のI_C依存性に置き換えたグラフで，V_{CE}(損失)が急激に増える限界のV_{GE}の目安を読み取ることができます．

● スイッチング特性

　IGBTは一般的にスイッチング用途に使用されるため，ターンオンやターンオフする際のスイッチング特性を十分に理解しておくことが重要です．この特性は，いくつかのパラメータによって変化するため，これらも考慮に入れて装置の設計を行う必要があります．

　このスイッチング特性は，スイッチング時間とスイッチング損失の二つに大別することができます．スイッチング時間には，図1-32，表1-5の動特性に定義されているt_{on}，t_r，$t_{r(i)}$，t_f，t_{rr}，t_{off}，I_{rp}の7項目があります．これらの特性は，図1-33に示すチョッパ回路で測定することができます．

　これらのスイッチング時間とコレクタ電流との関係を図1-34，図1-35および図1-36に，スイッチング時間とゲート抵抗の関係を図1-37に示します．このように，スイッチング時間はコレクタ電流，接合部温度(T_j)，ゲート抵抗R_gによって変化するので装置を設計する際には考慮が必要です．

　たとえば，R_gを大きくし，スイッチング時間(T_{off})が長くなる条件で使用すると，デッド・タイムが不足して直列アーム短絡などの不具合を起こし，素子が破壊する可能性があります．アーム短絡とは，片方のIGBTがオフする前にもう一方の

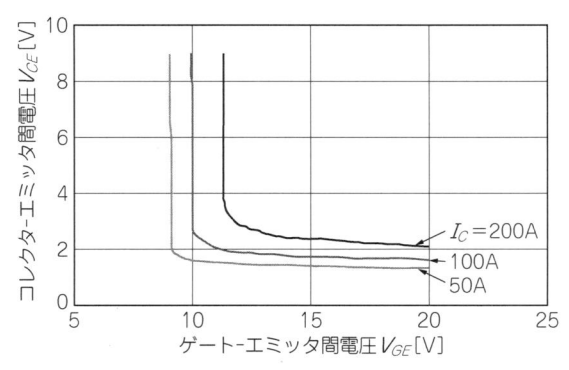

[図1-31] $V_{CE\mathrm{(sat)}}$-V_{GE}特性($T_j=25℃$)

1.6　IGBTの電気的特性　　037

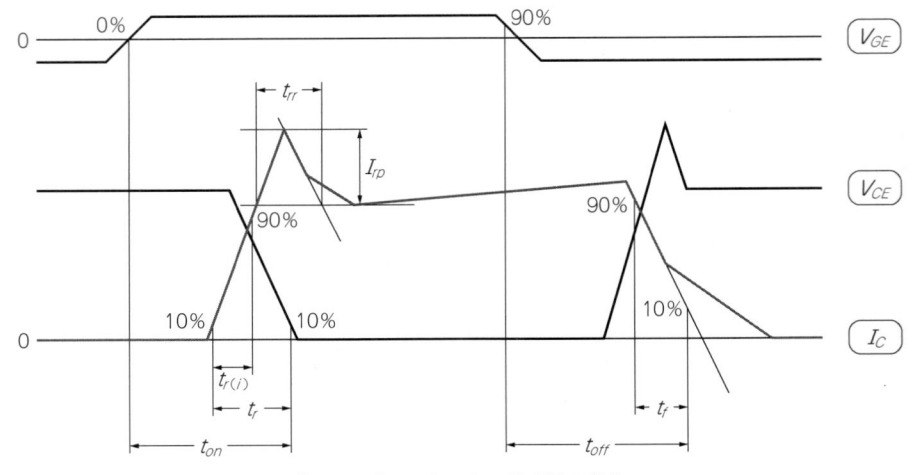

[図1-32] スイッチング時間の変化

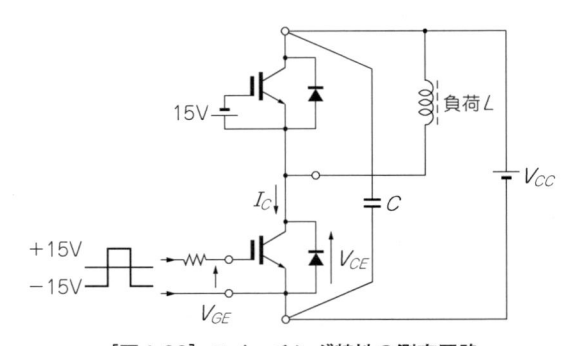

[図1-33] スイッチング特性の測定回路

IGBTがONして過大な電流が流れる現象です．また，たとえばR_gを小さくしてt_fが短い条件で使用すると，過渡的な電流変化（dI_C/dt）が大きくなり，回路のインダクタンス（L_s）によるスパイク電圧（$=L_s \times dI_C/dt$）が発生し，RBSOAを超えて素子が破壊する場合があるので，この点を考慮した装置設計が必要です．

　一方，スイッチング損失（E_{on}, E_{off}, E_{rr}）は，IGBTがターンオンあるいはターンオフするスイッチングの際に発生します．この特性は，図1-38，図1-39に示すように，接合部温度（T_j），I_C，R_gで変化します．特にR_gの選定は重要で，前述と同じく大きすぎるとスイッチング損失が大きくなる上，前述のデッド・タイム不足による直列アーム短絡を起こしやすくなります．逆に，スイッチング損失を下げるためにR_gを小さくする場合は，前述の急激なスパイク電圧が発生するという問題を

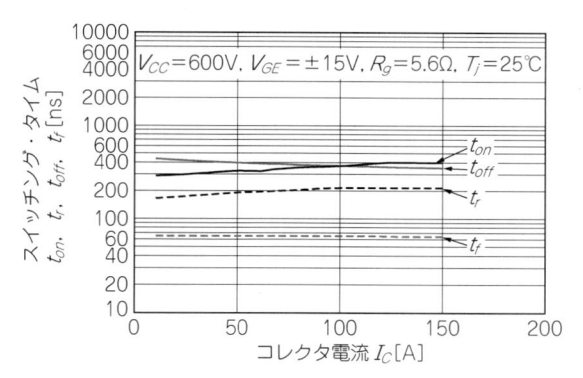

[図1-34] スイッチング時間-I_C特性（$T_j = 25℃$）

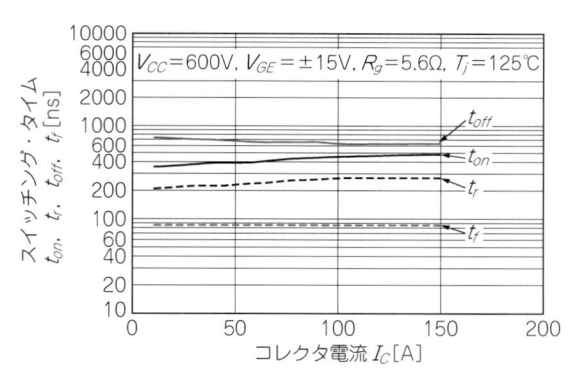

[図1-35] スイッチング時間-I_C特性（$T_j = 125℃$）

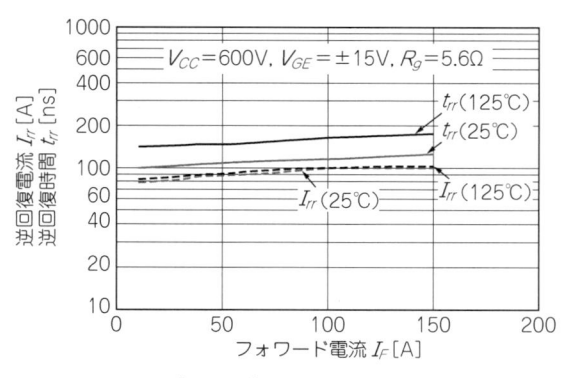

[図1-36] t_{rr}, I_{rr}-I_F特性

1.6 IGBTの電気的特性 | 039

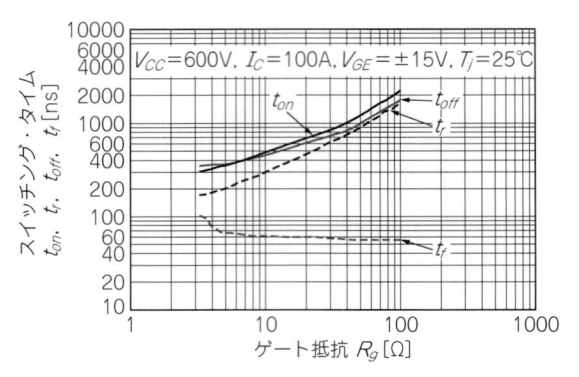

[図 1-37] スイッチング時間-R_g特性

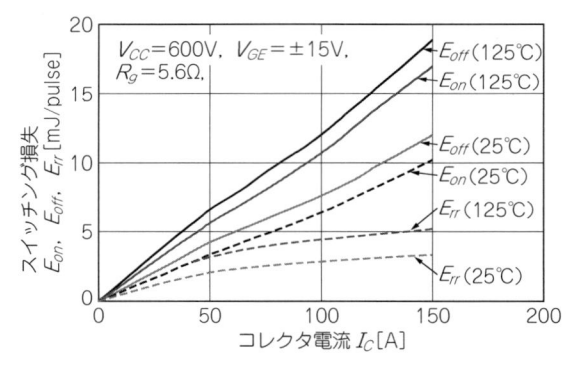

[図 1-38] スイッチング損失-I_C特性

起こす可能性があります．ここから分かるように，R_g選定においては主回路インダクタンス（L_s）の値が非常に重要です．この値が低ければ低いほど，R_g選定の検討が容易でR_gが小さくてもスパイク電圧が出にくくなるので，このL_sの値をできるだけ小さく設計することを推奨します．

なお，R_gの決定にはIGBTのドライブ回路の電源容量とマッチングも考慮する必要があります．

● 容量特性

図1-40に，ゲート・チャージ容量（Q_g）の特性を示します．この図では，ゲート・チャージ容量（Q_g）に対するコレクタ-エミッタ間電圧（V_{CE}）とゲート-エミッタ間電圧（V_{GE}）の変化を示しています．「Q_gが増加する」ことは「IGBTのゲート-エミッ

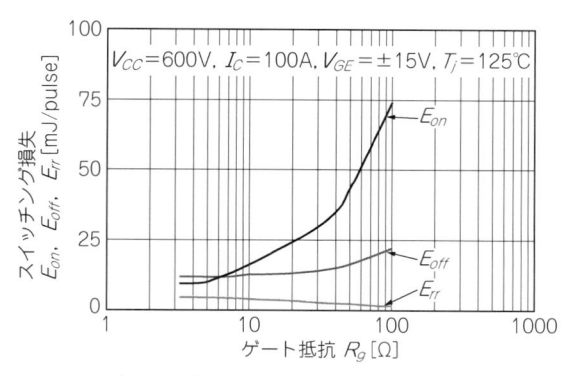

[図1-39] スイッチング損失-R_g特性

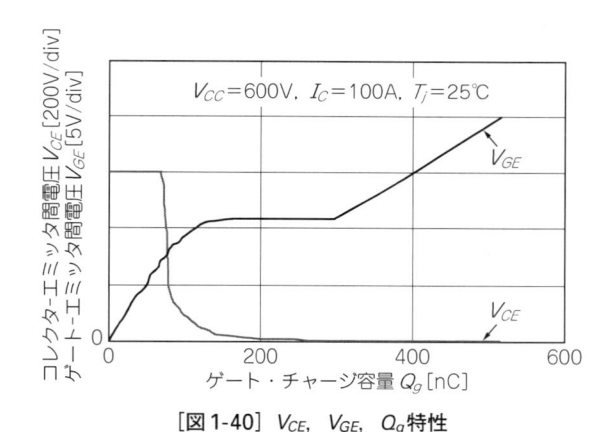

[図1-40] V_{CE}, V_{GE}, Q_g特性

タ間の容量に電荷が充電される」ことを表すため，Q_g を充電すると V_{GE} が上昇し IGBT が ON します．IGBT が ON するとそれに伴い V_{CE} が ON 電圧まで下降します．

このように，ゲート・チャージ容量 Q_g は IGBT をドライブするために必要な電荷量を示しています．この特性は，ドライブ回路の電源容量を決定する際に必要な特性です．図1-41に，IGBT の各接合容量の特性を示します．これらは図1-42に示すように，C_{ies} はゲート-エミッタ間の入力容量，C_{oes} はコレクタ-エミッタ間の出力容量，C_{res} はコレクタ-ゲート間の帰還容量のことです．これらの特性も Q_g と共にドライブ回路を設計する際に必要です．

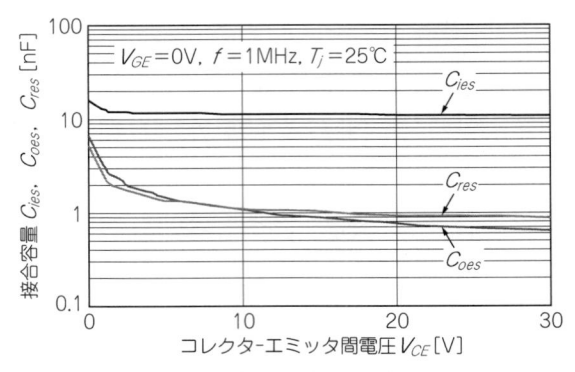

[図1-41] 接合容量-V_{CE}特性

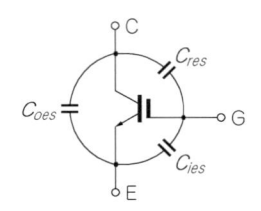

[図1-42] 接合容量

● 安全動作領域

　IGBTがターンオフする際，安全に動作するV_{CE}-I_Cの動作範囲を逆バイアス安全動作領域(RBSOA；Reverse Biased Safe Operating Area)といいます．これは，図1-43に示す範囲で示され，ターンオフ時のV_{CE}-I_Cの動作軌跡がこのRBSOAの領域の納まるようにスナバ回路の設計をする必要があります．

　このRBSOAは，通常のスイッチング動作時(実線，繰り返し)と大電流(短絡)時(点線，非繰り返し)の2種類の領域に分かれており，便宜上，実線内のエリアをRBSOA，点線内をSCSOA(Short Circuit Safe Operating Area)と呼んでいます．図中で，SCSOAの低コレクタ電圧側で電流上限が示されていませんが，低コレクタ電圧側でコレクタ電流が大きくなる傾向があります．

● 還流ダイオード(FWD)の特性

　IGBTモジュールでは，IGBTと逆並列に還流ダイオード(以下，FWD：Free Wheeling Diode)が接続されています．このFWDは，図1-44に示すV_F-I_F特性と図1-36に示す逆回復特性(t_{rr}，I_{rr})，および図1-38，図1-39に示す逆回復動作時

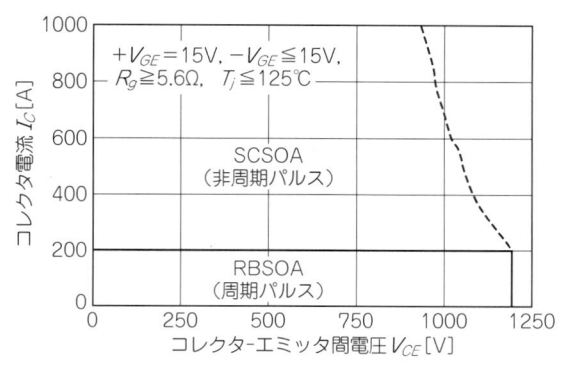

[図1-43] 逆バイアス安全動作領域（RBSOA）

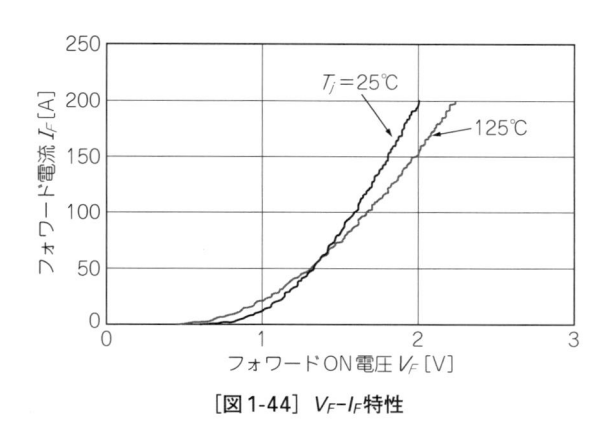

[図1-44] V_F-I_F特性

のスイッチング損失（E_{rr}）特性を有しています．これらの特性は，IGBTと同様にFWDに発生する損失計算に使用します．また，これらの特性はコレクタ電流，温度，R_gなどにより変化します．

● 過渡熱抵抗特性

　温度上昇の計算および放熱フィンの設計に用いる過渡熱抵抗特性を図1-45に示します．この特性はIGBT，FWD共に1素子当たりの特性を示しています．この熱抵抗は，IGBTやFWDのT_jを計算するとき，あるいは熱解析などで使われる特性で，電気抵抗のオームの法則に類似した公式，

　　温度差 ΔT[℃] ＝ 熱抵抗R_{th}[℃/W] × エネルギー（損失）[W]

で定義されます．

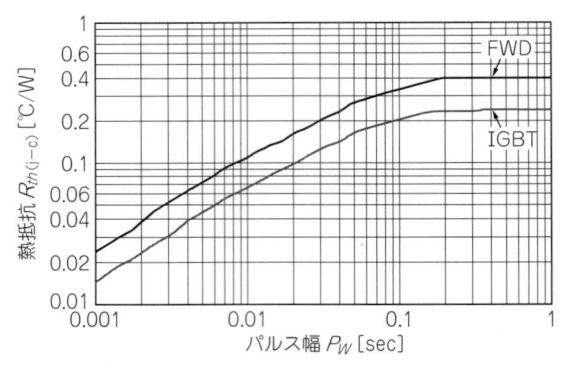

[図1-45] 過渡熱抵抗特性

1.7　IGBTの選び方

　バイポーラ・トランジスタのような電流駆動型のデバイスとは異なり，IGBTはMOSFETと同様に電圧駆動型のデバイスなので，簡単にドライブすることが可能です．また，モジュール製品では，ディスクリート型のように冷却フィンとの絶縁に気を配る必要もありません．

　しかし，IGBTの定格選定を誤ったり，不適切な取り扱いや装置設計をすると，そのIGBTの特性を十分に活かせないばかりか，場合によってはIGBTを破壊してしまいます．

　IGBTを選定するには，まずIGBTを使った変換装置の仕様（入出力電圧や電流，回路方式，キャリア周波数，冷却条件など）を明確にして，それに見合った定格の製品を選定することが大切です．

● 電圧定格

　IGBTの電圧定格は，変換装置の入力電源（一般的には商用電源）電圧と密接な関係があります．入力がAC250V以下では600V耐圧のIGBT，480Vまでは1200V耐圧，それ以上の入力電圧では1400V耐圧または1700V耐圧のものを選定するとよいでしょう．

● 電流定格

　IGBTの電流定格は，変換装置の出力電流に左右されます．装置の出力電流が大

[表1-6] IGBT定格の選定例

入力	モータ定格 [kW]	インバータ定格 [kVA]	出力電流(連続) [A_{RMS}]	IGBT定格選定例
220V AC	1.5	3	8	600V/30A
	2.2	4	11	600V/30A
	3.7	6	17	600V/50A
	5.5	9	25	600V/75A
	7.5	13	33	600V/100A
	11	17	49	600V/150A
	15	22	64	600V/150A
	18.5	28	80	600V/200A
	22	33	96	600V/200A
	30	44	130	600V/300A
	37	55	160	600V/400A
	45	67	183	600V/400A
440V AC	0.75	2	2.5	1200V/10A
	1.5	3	3.5	1200V/10A
	2.2	4	5.5	1200V/15A
	3.7	6	9	1200V/25A
	5.5	9	13	1200V/50A
	7.5	13	18	1200V/50A
	11	17	24	1200V/75A
	15	22	30	1200V/75A
	18.5	28	39	1200V/100A
	22	33	48	1200V/100A
	30	44	65	1200V/150A
	37	55	80	1200V/200A
	45	67	96	1200V/200A
	55	84	128	1200V/300A

きくなる，すなわちIGBTのコレクタ電流が大きくなるとIGBTのON電圧（$V_{CE(\text{sat})}$）が上昇し，同時にスイッチング損失も増加するので，IGBTで発生する損失が大きくなります．

したがって，IGBTの発生損失とフィンの冷却性能から，IGBTの接合部温度（T_j）を見積もった上で，T_jが150℃以下（通常は余裕をみて125℃以下）となるような定格の製品を選定します．電流定格の選定を誤ると，過熱によりIGBTが破壊したり，長期信頼性の低下を招くことがあるので，注意が必要です．

電流定格の目安としては，変換装置の最大出力電流（ピーク値）以上の定格の製品を選定します．モータ駆動用途での選定例を**表1-6**に示します．ただし，IGBTの

冷却条件や発生損失(ドライブ条件やスイッチング周波数などに依存)の値によって，必要なIGBT定格は変わってくるので注意が必要です．

1.8　IGBTモジュール選定の際の注意事項

　IGBTモジュールを使用する場合，素子の定格電圧や定格電流以外にも注意しなければならない事項があります．

(1) 静電気対策とゲートの保護

　IGBTモジュールのV_{GE}の保証値は，一般的に最大 ±20Vです(保証値は仕様書に記載されている)．V_{GES}保証値を超える電圧がIGBTのゲート-エミッタ間に印加された場合，IGBTのゲート絶縁構造が破壊されることがあります．ゲート-エミッタ間には，保証値を超える電圧が印加されないようにします．特に，IGBTのゲートは静電気などに対しては非常に弱いので，以下の注意点を守って取り扱う必要があります．

(a) IGBTモジュールを取り扱うときは，人体や衣服に帯電した静電気を高抵抗(1MΩ 程度)アースで放電させた後，接地された導電性マット上で作業をする．

(b) IGBTモジュールを手で取り扱うときは，パッケージ本体を持ち，端子(特に制御端子)部に直接触れない．

(c) IGBTの端子にはんだ付けする場合，はんだごて，はんだバスのリークによる静電気がIGBTに加わらないように，はんだごての先などを十分に低い抵抗で接地する．

(d) IGBTモジュールは，I_Cフォームなどの導電性材料で制御端子を静電対策した状態で出荷されているが，この導電性材料は電気的に配線する直前まで外さないこと．

　また，ゲート-エミッタ間がオープン状態でコレクタ-エミッタ間に電圧を印加すると，IGBTが破壊する可能性があります．これは，コレクタ電位の変化により，

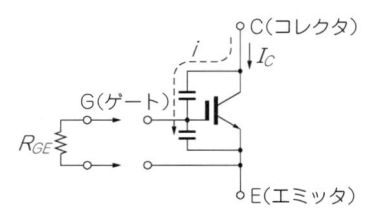

[図1-46] ゲート-エミッタ間オープン状態でのIGBTの振る舞い

図1-46に示すように電流iが流れてゲート電位が上昇し，IGBTがオンして，コレクタ電流が流れることが原因です．このコレクタ電流とコレクタ-エミッタ間に印加された電圧により，IGBTが発熱し破壊する可能性があります．

IGBTモジュールが装置に組み込まれたとき，ゲート回路の故障，あるいはゲート回路が正常に動作しない状態（ゲートがオープン状態）で主回路に電圧が印加されると，上記の理由によりIGBTが破壊することがあります．この破壊を防止するには，ゲート-エミッタ間に10kΩ程度の抵抗（R_{GE}）を接続します．

(2) 保護回路の設計

IGBTモジュールは，過電流・過電圧といった異常現象により破壊する可能性があります．したがって，そのような異常現象から素子を保護するための保護回路の設計は，IGBTモジュールを適用する上で非常に重要です．また，これらの保護回路は，素子の特性を十分に理解した上で，素子の特性にマッチングするように設計する必要があります．このマッチングが取れていないと，保護回路が付いていても素子が破壊することがあります（たとえば，過電流保護をかけるときの遮断時間が長い，スナバ回路のコンデンサ容量が小さくて過大なスパイク電圧を抑制しきれないなど）．これらの保護方法の詳細については，第3章"保護回路の設計と並列接続"を参照してください．

(3) 放熱設計

IGBTモジュールには，許容できる最大接合部温度（T_j）が決められており，この温度以下になるような放熱設計が必要です．放熱設計を行うためには，まず素子の発生損失を算出し，その損失をもとに許容温度以下となるような放熱フィンの選定を行います．放熱設計が十分でない場合，実機運転中に素子の許容温度を超えて破壊するといった問題が発生する可能性があります．放熱設計の詳細ついては，第4章"放熱設計方法"を参照してください．

(4) ゲート・ドライブ回路設計

IGBTの性能を十分に引き出せるかどうかは，ゲート・ドライブ回路の設計で決まるといっても過言ではありません．また，保護回路の設計とも密接に関係しています．

ゲート・ドライブ回路は，IGBTをターンオンさせるための順バイアス回路と，IGBTのオフ状態を安定に保つためおよびターンオフを速くさせるための逆バイアス回路からなり，それぞれの条件設定によりIGBTのスイッチング特性が変わってきます．また，ゲート・ドライブ回路の配線方法が不適切な場合，IGBTが誤動作する可能性があります．したがって，最適なゲート・ドライブ回路を設計すること

は非常に重要です．

たとえば，IGBT駆動用の逆バイアス・ゲート電圧$-V_{GE}$が不足すると誤点弧を起こす可能性があります．誤点弧を起こさないために，$-V_{GE}$は十分な値に設定してください（推奨$-15V$）．また，ターンオンdv/dtが高いと対抗アームのIGBTが誤点弧を起こす可能性があるため，誤点弧を起こさないための最適なゲート・ドライブ条件（$+V_{GE}$，$-V_{GE}$，R_gなど）で使用します．これらの注意点などを含めた詳細については，第2章"ゲート・ドライブ回路の設計"を参照してください．

(5) 並列接続

大容量インバータなどの大電流を制御するような用途にIGBTモジュールを使用する場合，IGBTモジュール（素子）を並列に接続して使用することがあります．

素子を並列に接続した場合，並列に接続した素子のそれぞれに均等な電流が流れるように設計することが重要です．もし電流バランスが崩れた場合，一つの素子に電流が集中して破壊することがあります．

並列接続時の電流バランスは，素子の特性や配線方法などで変わってくるため，たとえば，素子の$V_{CE(sat)}$を合わせる，主回路の配線を均等にするといった管理，設計が必要です．これらの詳細については，第3章"保護回路の設計と並列接続"を参照してください．

(6) 実装上の注意事項

IGBTモジュールを実装する場合の注意事項を下記に示します．

(a) ヒート・シンクへの取り付けは，モジュールの裏面にサーマル・コンパウンドを塗布し，決められた締め付けトルクで十分に締め付ける．また，ヒート・シンクは，ネジ取り付け位置間で平坦度を100mmで100μm以下，表面の粗さは10μm以下にする．詳細については，第4章の"放熱設計方法"を参照．

(b) モジュール電極端子部に過大な応力が加わるような配線は行わないこと．端子構造が破壊したり，端子の変形により接触不良などを引き起こすことがある．最悪の場合，モジュール内部のはんだ付けされた電気配線などが断線するなどの不具合を起こす．詳細については，第6章の"トラブル発生時の対処方法"を参照．

(c) モジュール製品に使用する端子用のネジの長さは，外形図にしたがって正しく選定すること．ネジが長いとケースが破損する場合がある．

(7) 保管運搬上の注意事項

IGBTモジュールを保管，運搬する場合，特に次の事項に注意してください．

(a) 保管

　半導体製品を保管しておく場所の温度は5〜35℃，湿度は45〜75%となるようにする．特に，モールド・タイプ製品の場合，非常に乾燥する地域では，加湿器により加湿する必要がある．その際，水道水を使うと含まれる塩素により製品の外部端子が錆びることがあるので，水には純水や沸騰水を用いる．腐食性ガスを発生する場所や塵埃の多いところは避ける．

　急激な温度変化があると半導体製品表面に結露が発生することがあるので，温度変化の少ない場所に保管する．

　保管の際に，半導体製品に外力または荷重がかからないようにする．特に，積み重ねると思わぬ荷重がかかることがある．また，重いものを半導体製品の上に載せないこと．

　半導体製品の外部端子は，未加工の状態で保管する．端子の加工後に保管すると，錆などの発生によって製品実装時にはんだ付け不良となる．

　半導体製品を仮置きするときの容器は，静電気を帯びにくいものを選定する．

(b) 運搬

　製品の運搬時に衝撃を与えたり，落下させたりしないこと．

　多数の半導体製品を箱に入れて運搬するときは，接触電極面などを傷つけないようにやわらかいスペーサを製品の相互間に入れて保護する．

(8) その他の注意事項

　IGBTモジュールを使用する場合，以下の事項についても注意してください．

(a) IGBTモジュール内のFWDのみ使用し，IGBTを使用しないとき(たとえば，チョッパ回路などへの適用時)は，使用しないIGBTのゲート-エミッタ間に $-5V$ 以上(推奨 $-15V$，最大 $-20V$)の逆バイアスをかける．逆バイアスが不足すると，IGBTがFWDの逆回復時の dv/dt によって誤点弧を起こし，破壊する可能性がある．

(b) ドライブ電圧 (V_{GE}) はモジュールの制御端子部で測定し，所定の電圧が印加されていることを確認する(ドライブ回路端で測定するとドライブ回路終端に使用するトランジスタやモジュールへの配線インピーダンスなどによる電圧ドロップの影響を受けない電圧となり，IGBTに所定の V_{GE} が印加されずに素子破壊に至る可能性がある)．

(c) ターンオン/ターンオフ時のサージ電圧などの測定は製品の端子部で測定する．

(d) IGBTモジュールの絶対最大定格(電圧，電流，温度など)の範囲内で使用する．絶対最大定格を超えて使用すると，モジュール内素子が破壊する場合がある．

特に，V_{CES}を超えた電圧が印加された場合，アバランシェを起こして素子破壊する場合がある．V_{CE}は必ず絶対定格の範囲内で使用する．
- (e) 万一の不慮の事故で素子が破壊した場合を考慮し，商用電源とモジュール製品の間に適切な容量のヒューズまたはブレーカを必ず付けて2次破壊を防ぐ．
- (f) モジュール製品の使用環境を十分に把握し，製品の信頼性寿命が満足できるか検討の上，適用する．製品の信頼性寿命を超えて使用した場合，適用する装置の目標寿命より前に素子が破壊する場合がある．
- (g) モジュール製品にはパワー・サイクル寿命がある．適用する装置の設計寿命に対し，充分なパワー・サイクル寿命となる条件で使用する．
- (h) モジュール製品が酸・有機物・腐食性ガス（硫化水素，亜硫酸ガスなど）を含む環境下で使用された場合，製品機能・外観などが損なわれることがあるので，これらの環境下では使用しない．

1.9　IGBTを使用した装置

　IGBTは，動作周波数が数十kHz以下で，装置容量が数MVA以下の領域で適用される半導体素子です．動作周波数が数十kHz以上の領域ではMOSFETが，装置容量が数MVA以上の装置ではGTO，サイリスタが使用されます．

　主なIGBTの用途は，モータを駆動する汎用インバータ，NCサーボ，ロボット，汎用サーボ，エア・コンディショナ，エレベータや電源装置としての無停電電源装置（UPS），医療用X線電源，MRI電源，風力発電用変換装置，太陽光発電用変換装置や電気自動車やハイブリッド自動車の変換装置など多岐に渡っています．

　以下に，代表的な汎用インバータ，NCサーボ，ロボット，汎用サーボ，無停電電源装置（UPS），太陽光発電用変換装置の適用例を示します．

(1) 汎用インバータ

　汎用インバータは，ベルト・コンベヤ，ファン，ポンプなどのモータを可変速運転する電力変換装置です．ベクトル制御による高精度，高機能化と，装置の小型，低価格化により発展しています．製品は，**写真**1-1に示すような外観をしています．

　図1-47に，汎用インバータの回路構成を示します．交流電圧（商用電源電圧）を整流回路で直流に変換し，インバータ回路で任意の周波数，電圧の交流電圧に変換します．また，負荷であるモータが減速するときに，直流回路にモータ電力が回生され直流電圧が上昇しますが，その直流電圧を放電するためのブレーキ回路が途中に接続されています．

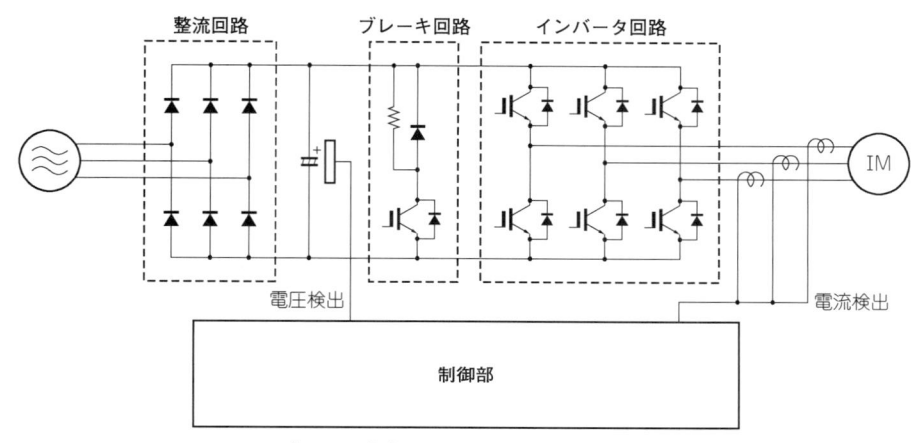

[図1-47] 汎用インバータの回路構成

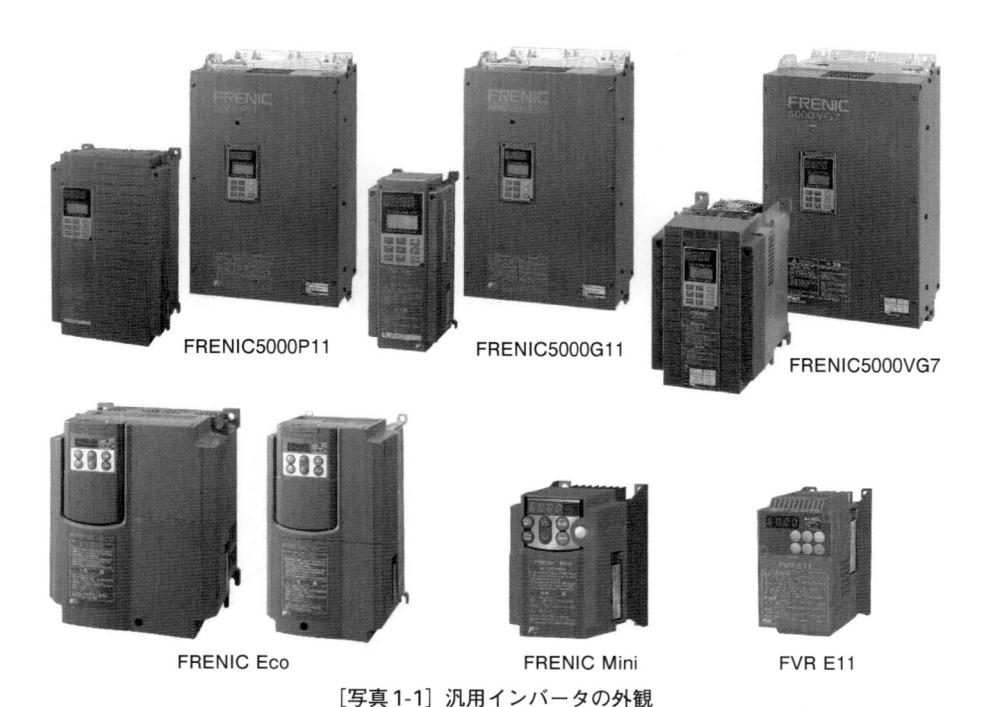

[写真1-1] 汎用インバータの外観

1.9 IGBTを使用した装置

[表1-7] 商用電源電圧とIGBTモジュールの定格電圧

地域		IGBTの定格電圧(V_{CES})			
		600V	1200V	1400V	1700V
商用電源電圧（入力電圧AC）	日本	200V 220V	400V 440V		
	中国	220V	380V		
	アジア	220V 230V 240V	380V 400V 440V 480V		
	米国	208V 230V 240V 246V	460V 480V	575V	
	欧州	200V 220V 230V 240V	346V 350V 380V 400V 415V 440V		690V

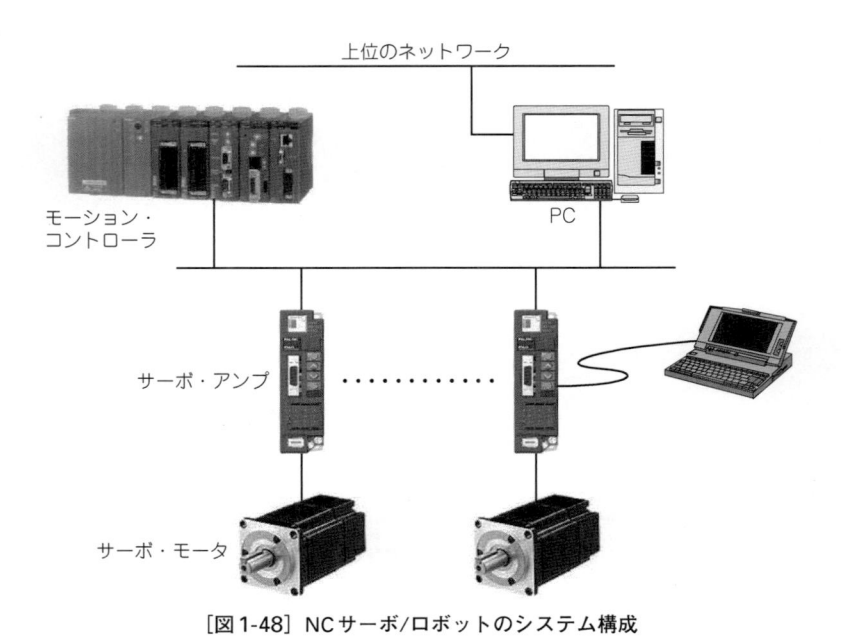

[図1-48] NCサーボ/ロボットのシステム構成

表1-7に，各地域の商用電源電圧とインバータ部に使用するIGBTの定格電圧を示します．商用電源電圧AC200V～AC246Vの場合は，電圧定格600VのIGBTが使用されます．これは，AC246Vの場合に整流器の直流出力電圧V_oは$V_o = \sqrt{2} \times 246V = 348V$となり，回生時の直流電圧が上昇時でも$V_o \geqq 400V$となります．この直流電圧にスイッチングのサージ電圧の上昇分（一般的に100V～150V程度）を考慮して，電圧定格600VのIGBTを使用します．同様に，商用電源電圧AC346V～AC480Vの場合は電圧定格1200VのIGBTを使用し，商用電源電圧AC575Vの場合は電圧定格1400VのIGBTを，商用電源電圧AC690Vの場合は電圧定格1700VのIGBTを各々使用します．

一般的に，汎用インバータは，出力周波数1Hz程度の低速運転時に150%から200%の過負荷電流を通電したときにも各IGBTの接合部温度（ジャンクション温度）が，最大動作温度以下になるように選定されます．IGBTモジュールの発生損

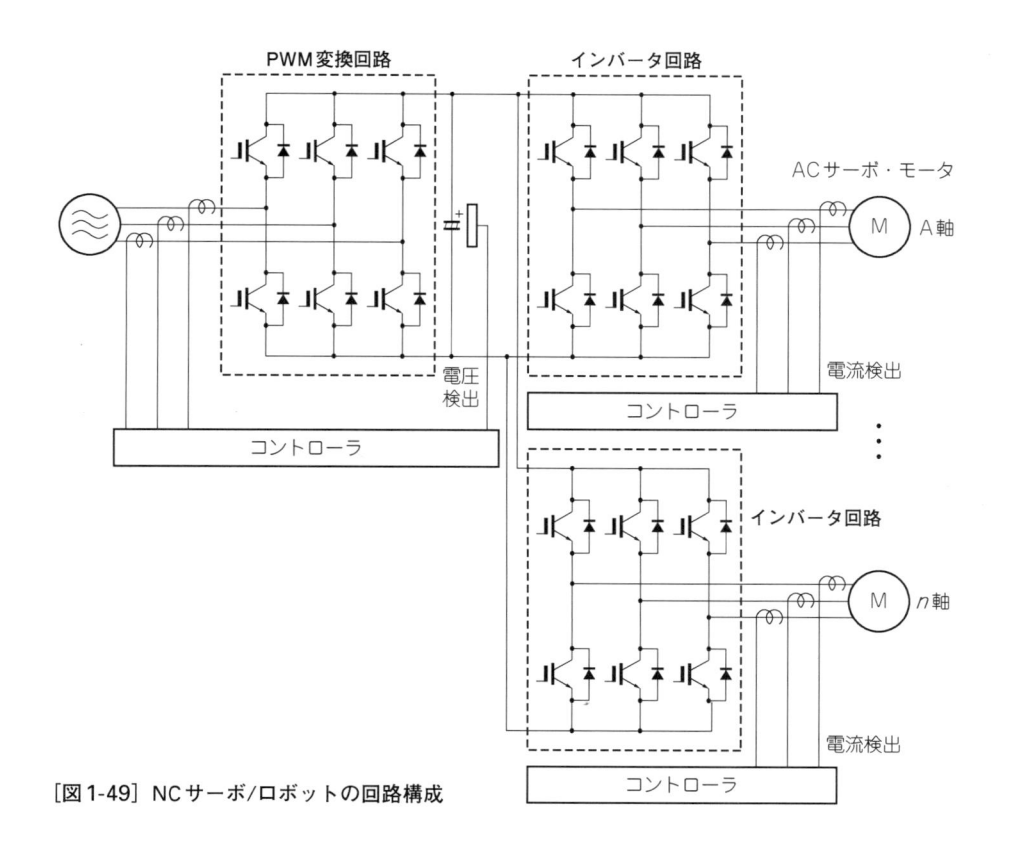

[図1-49] NCサーボ/ロボットの回路構成

1.9 IGBTを使用した装置

失と温度上昇の求め方については，第4章"放熱設計方法"で詳しく説明します．

(2) NCサーボ/ロボット

　NCサーボは，工作機械の位置決め装置や速度制御を行う装置です．ロボットは，組み立て，溶接，搬送などに用いられ，多軸制御機能をもった装置です．自動車，液晶，半導体の組立ラインに使用され，用途が拡大しています．

　図1-48にNCサーボ/ロボットのシステム構成を，図1-49に回路構成を各々示します．交流電圧（商用電源電圧）をPWM整流器で直流に変換し，複数のインバータ回路で任意の周波数，電圧の交流電圧に変換します．インバータは，X，Y，Z軸などの各サーボ・モータを独立に制御するように運転されます．

　商用電源電圧とインバータ部IGBTの電圧定格は，汎用インバータとほぼ同じような表1-7の商用電圧と電圧定格が選定されます．これは，AC246Vの場合，直流電圧V_oは，PWM整流器により昇圧され$V_o = 400V (>\sqrt{2} \times 246V)$に制御されます．この結果，直流電圧にスイッチングのサージ電圧の上昇分（一般的に100V～150V程度）を考慮して電圧定格600VのIGBTが使用されます．同様に，商用電源電圧AC346V～AC480Vの場合は，電圧定格1200VのIGBTが使用されます．

　表1-8に，NCサーボ/ロボットの各定格に対し適用されるIGBTの適用例を示します．一般的にNCサーボ/ロボットは，急加減速運転をするため0Hz(DC運転)で300%程度の過負荷電流を通電したときにも各IGBTの接合部温度（ジャンクション温度）が，最大動作温度以下になるように選定され決定されます．したがって，汎用

[表1-8] NCサーボ/ロボットの定格とIGBTモジュールの定格(例)

入力電圧	モータ定格[kW]	IGBTモジュール定格
AC200V 入力電圧	0.5	600V/30A
	0.75	600V/30A
	1	600V/30A
	1.5	600V/50A
	2	600V/75A
	3	600V/100A
	5	600V/150A
	6	600V/200A

(a) インバータ回路用

入力電圧	モータ定格[kW]	IGBTモジュール定格
AC400V 入力電圧	5.5	1200V/200A
	11	1200V/400A
	15	1200V/400A

(b) コンバータ回路用

インバータよりも同じモータ定格に対し2倍程度の電流定格のIGBTを使用します．

汎用サーボ回路は，汎用インバータと同様な回路ですが，負荷のモータがACサーボ・モータになります．汎用サーボ・モータも，急加減速運転するため0Hz（DC運転）で300%程度の過負荷電流を通電したときにも各IGBTの接合部温度（ジャンクション温度）が，最大動作温度以下になるように選定され決定されます．したがって，汎用インバータよりも同じモータ定格に対し2倍程度の電流定格のIGBTが使用されます．

(3) 無停電電源装置

無停電電源装置（UPS）は，銀行や病院の計算機システムや医療設備が，停電や瞬停でダウンするのを防ぐ電源装置です．一般的なUPSは，IGBTを用いた変換器とバッテリで構成され，電源装置の高信頼性と高効率化が求められます．**写真1-2**に製品としてのUPSの外観を示します．

図1-50は代表的なUPSの回路構成で，交流電圧（商用電源電圧）をPWM変換回

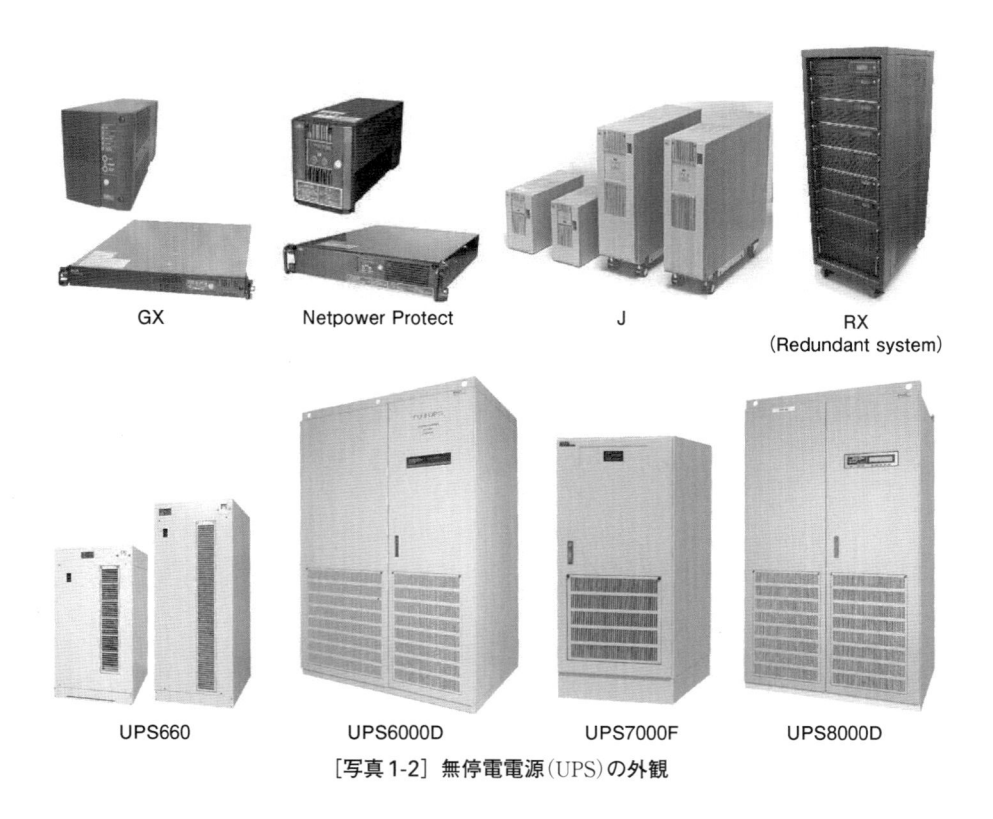

GX　　　Netpower Protect　　　J　　　RX（Redundant system）

UPS660　　　UPS6000D　　　UPS7000F　　　UPS8000D

［写真1-2］無停電電源（UPS）の外観

1.9　IGBTを使用した装置　|　055

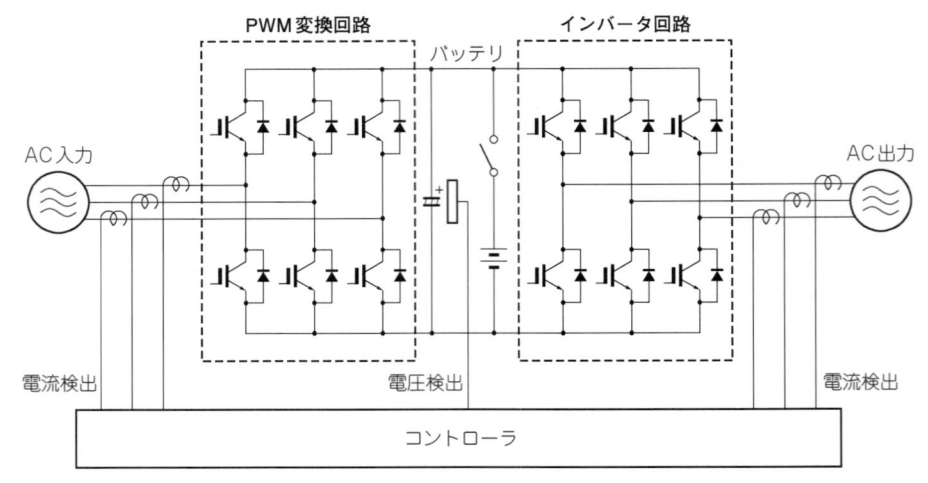

[図1-50] 無停電電源(UPS)の回路構成

路で昇圧した直流に変換し，インバータ回路で一定の周波数，一定の交流電圧に変換します．AC246Vの場合の直流電圧V_oは，PWM変換回路により昇圧され$V_o=400\text{V}(>\sqrt{2}\times246\text{V})$に制御されます．この結果，直流電圧にスイッチングのサージ電圧の上昇分(一般的に100V～150V程度)を考慮して電圧定格600VのIGBTを使用します．同様に，商用電源電圧AC346V～AC480Vの場合は電圧定格1200VのIGBTを使用します．表1-9に，UPSの各定格に対し適用されるIGBTの適用例を示します．UPSは汎用インバータのような低周波の動作運転はなく，出力周波数が50Hzか60Hz一定で過負荷時(120％から150％)にも各IGBTの接合部温度(ジャンクション温度)が，最大動作温度以下になるように選定され決定されます．

(4) 太陽光インバータ

太陽光インバータは，太陽電池の出力直流電圧を，交流電源(商用電源)に連系して系統電源に電力を供給する装置です．図1-51と図1-52に，代表的な太陽光インバータの回路構成を示します．太陽電池出力の直流電圧を昇圧チョッパで必要な直流電圧に昇圧し，インバータ回路で一定の周波数・一定の電圧の交流電圧に変換します．

図1-51に示すように商用電源電圧を検出して，商用電源と同じ電圧に同期させたあと連系スイッチをON/OFFする回路がついています．また，チョッパの電流，電圧を検出し，中間直流電圧を一定に制御します．さらに，インバータ出力電流を検出し，商用電源に正弦波の電流を出力するように波形制御されます．

[表1-9] UPSとIGBTモジュールの定格(例)

	UPSの定格[kVA]	IGBTモジュール定格
AC200V 入力電圧	7.5	600V/75A
	10	600V/100A
	15	600V/150A
	20	600V/200A
	30	600V/400A
	50	600V/400A
	75	600V/400A×2P
	100	600V/400A×2P

	UPSの定格[kVA]	IGBTモジュール定格
AC400V 入力電圧	7.5	1200V/35A
	10	1200V/50A
	15	1200V/75A
	20	1200V/100A
	30	1200V/200A
	50	1200V/200A
	75	1200V/300A
	100	1200V/400A

図1-52は，太陽光インバータの制御ブロックです．まず，昇圧チョッパの制御を紹介します．直流電圧V_2を検出し，直流電圧設定の差分を直流調節器DCAVRに入力して，昇圧チョッパの出力電流指令を出力します．その出力電流指令と出力電流検出I_{dc}の差分を電流調節器ACRに入力します．その電流調節器ACRの出力とキャリア周波数の三角波と比較することで，昇圧チョッパのON/OFFパルスを出力します．ゲート配分回路を介して，このON/OFFパルスで昇圧チョッパのIGBTを駆動します．

次に，インバータ部の制御を紹介します．太陽電池電圧V_1を検出し，この電圧と太陽電池電圧設定の差分を直流調節器DCAVRに入力し，太陽電池出力電流指令を出力します．その太陽電池出力電流指令に商用電源周波数と同期した正弦波を乗算することで，インバータ出力電流指令を出力します．その電流指令にインバータ出力電流I_{ac}の差分を電流調節器ACRに入力します．電流調節器ACR出力に，商用電源電圧相当の正弦電圧指令(フィードフォワード)を加えます．この加えた出力とキャリア周波数の三角波と比較することでインバータのON/OFFパルスを出力します．ゲート配分回路を介して，このON/OFFパルスでインバータのU，V，W，X，Y，Z相のIGBTを駆動します．

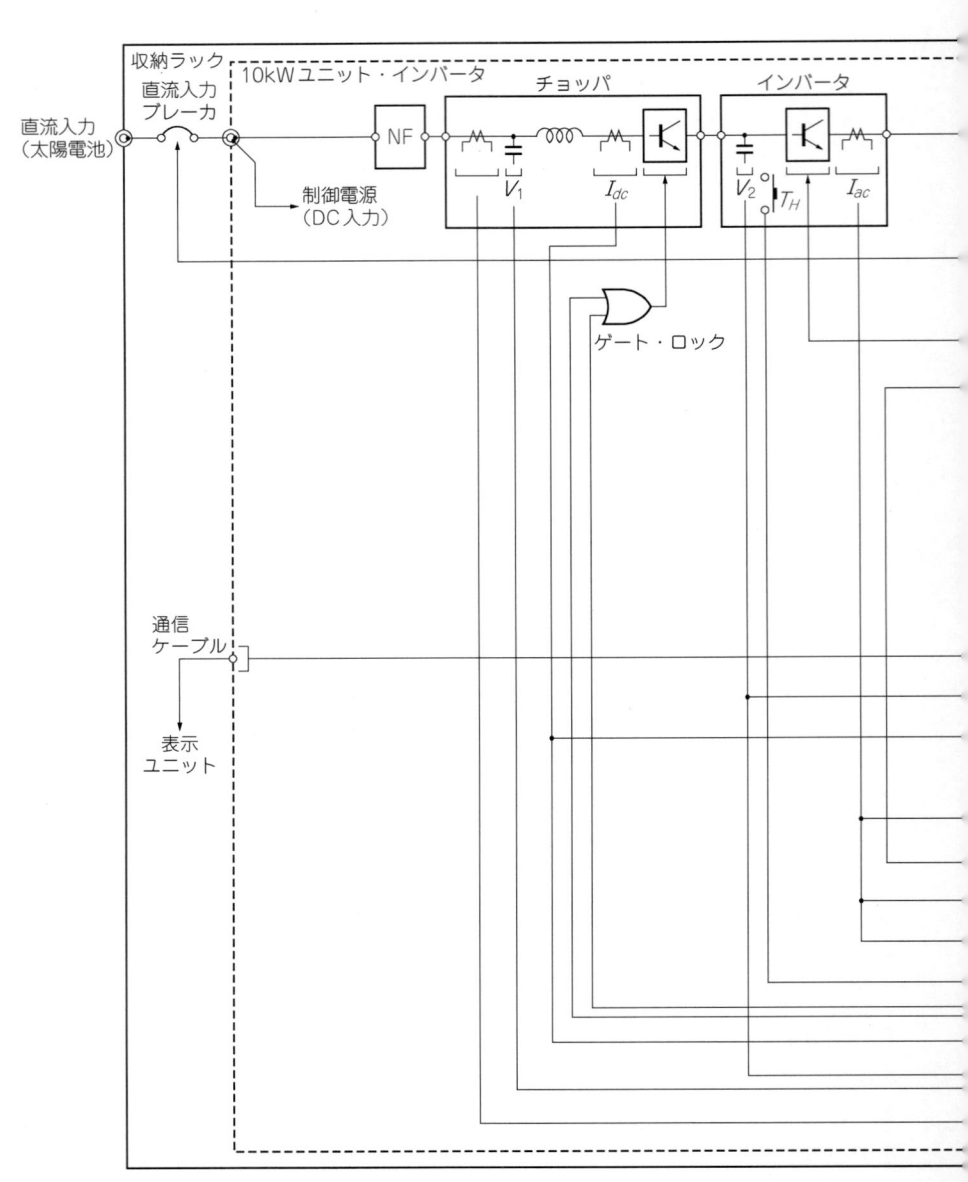

[図1-51] 太陽光インバータ回路(検出回路)

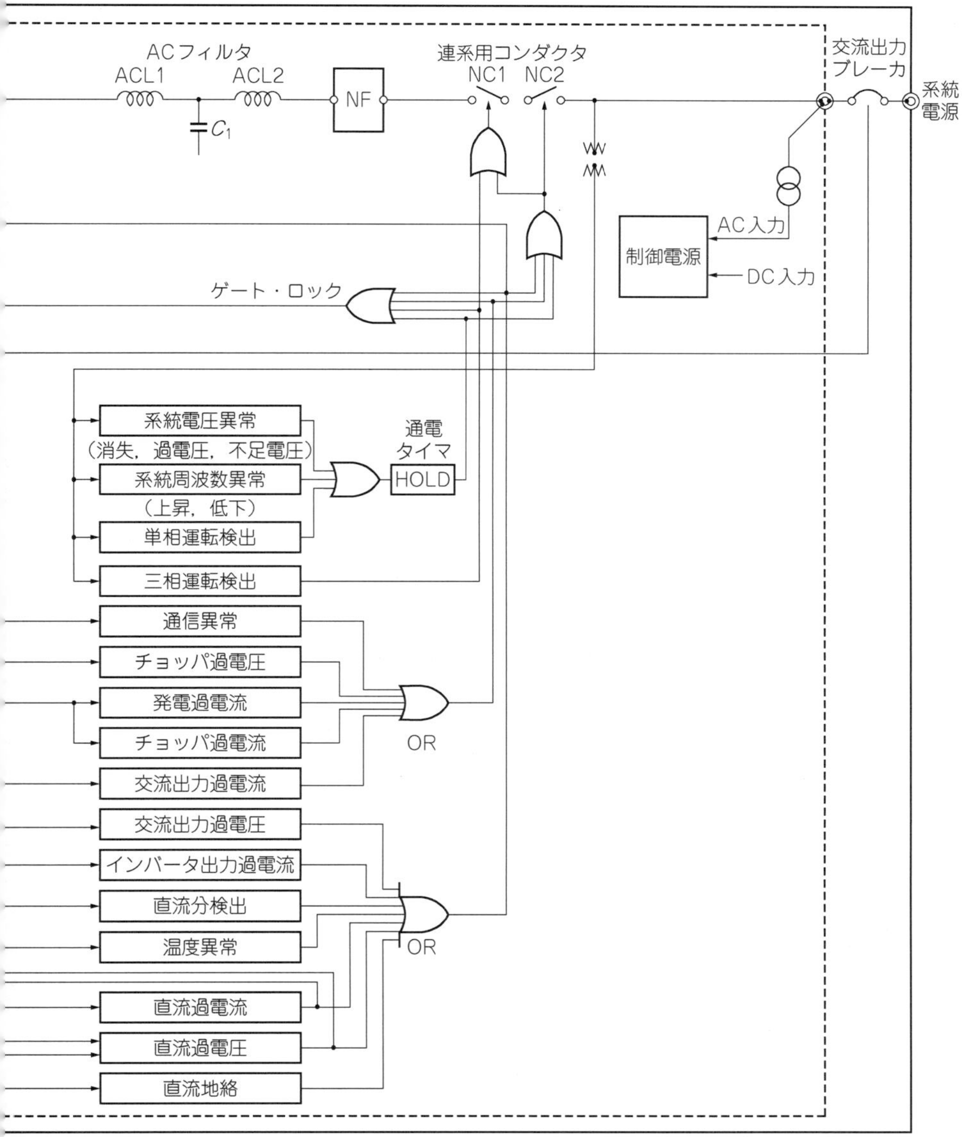
ACフィルタ
ACL1
ACL2
C_1
NF
連系用コンダクタ
NC1
NC2
交流出力
ブレーカ
系統
電源
AC入力
制御電源
DC入力
ゲート・ロック
系統電圧異常
（消失，過電圧，不足電圧）
系統周波数異常
（上昇，低下）
単相運転検出
三相運転検出
通電
タイマ
HOLD
通信異常
チョッパ過電圧
発電過電流
チョッパ過電流
交流出力過電流
OR
交流出力過電圧
インバータ出力過電流
直流分検出
温度異常
OR
直流過電流
直流過電圧
直流地絡

[図1-52] 太陽光インバータ回路（制御ブロック）

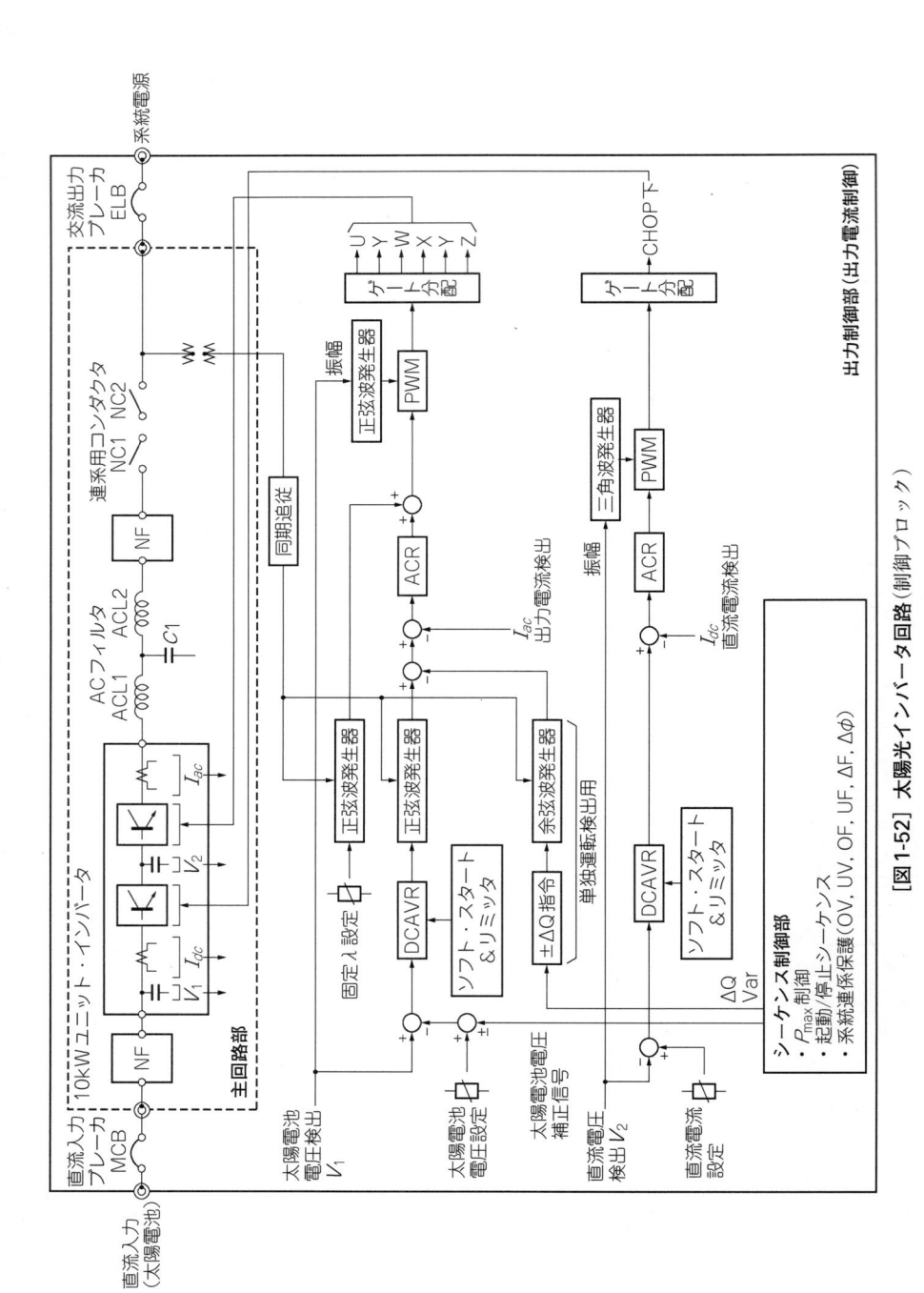

パワー・デバイスIGBT活用の基礎と実際

第2章

ゲート・ドライブ回路の設計

　本章では，IGBTをON/OFFするゲート・ドライブ回路の設計方法について解説します．IGBTの性能を引き出すためには，ゲート・ドライブ回路の設計が大変重要になってきます．すなわち，IGBTはドライブ条件であるゲート電圧，ゲート抵抗によって特性が変化するので，目標とする設計にあわせた設定をしなければなりません．

　表2-1は，IGBTのドライブ条件とIGBTの特性の変化についてまとめたものです．本章では，最初にゲート条件とIGBT特性の関係を示し，次に具体的なゲート・ドライブ回路の設計例を示します．そして，最後に設計する際に注意すべきことを紹介します．

2.1　ゲート順バイアス電圧＋V_{GE}（ON期間）

　ゲート順バイアス電圧＋V_{GE}は，IGBTをONさせるためにゲートに加える電圧です．IGBTのゲート耐圧は一般的に±20Vなので，ゲート順バイアス電圧の推奨値は＋15Vです．＋15Vを基準にして，少し高め（＋1〜＋1.5V）に設定します．ただし，＋V_{GE}が高いほどON電圧は下がるため損失は小さくなりますが，ターンオン・ス

[表2-1] IGBTのドライブ条件と主要特性

特性	順バイアス電圧 増やす	逆バイアス電圧 増やす	ゲート抵抗 増やす
ON電圧	減少	変化なし	変化なし
ターンオン特性（時間・損失）	減少	変化なし	増加
ターンオフ特性（時間・損失）	変化なし	減少	増加
ターンオン・サージ電圧	増加	変化なし	減少
ターンオフ・サージ電圧	変化なし	減少	最適値あり
dv/dt 誤点弧	増加	減少	減少
短絡耐量（時間）	減少	変化なし	増加
EMIノイズ	増加	変化なし	減少

注▶スイッチング時間，損失，サージ電圧，ノイズのバランスをとることが重要

2.1　ゲート順バイアス電圧＋V_{GE}（ON期間）　｜　061

ピードが速くなってdv/dt誤点弧(後述)を起こしたり，短絡耐量の減少，EMIノイズが増えるなどの問題が起こりやすくなります．

以下に，$+V_{GE}$の設計時の留意事項を示します．

(1) $+V_{GE}$はゲート-エミッタ間最大定格電圧$V_{GES}=\pm 20V_{(max)}$の範囲内で設計する．
(2) 電源電圧の変動は，±10％以内を推奨．
(3) ON期間中のコレクタ-エミッタ間飽和電圧($V_{CE(sat)}$)は$+V_{GE}$によって変化し，$+V_{GE}$が高いほど低くなる．
(4) ターンオン・スイッチング時の時間や損失は，$+V_{GE}$が高いほど小さくなる．
(5) ターンオン時(FWD逆回復時)の対向アームのサージ電圧は，$+V_{GE}$が高いほど発生しやすくなる．
(6) IGBTがオフ期間中でもFWDの逆回復時のdv/dtにより誤動作し，パルス状のコレクタ電流が流れて不要な発熱を招くことがある．この現象はdv/dt誤点弧と呼ばれ，$+V_{GE}$が高いほど発生しやすくなる．
(7) $+V_{GE}$が高いほど IGBTの飽和電流(制限電流値)が高くなる．
(8) 短絡耐量は，$+V_{GE}$が高いほど小さくなる．

2.2　ゲート逆バイアス電圧$-V_{GE}$(OFF期間)

ゲート逆バイアス電圧は，IGBTをOFFさせておくための電圧値です．ゲート逆バイアス電圧$-V_{GE}$の推奨値は，$-5V$から$-15V$です．逆バイアス電圧に依存する主なIGBTの特性は，ターンオフ時間と損失です．逆バイアス電圧が大きいほど，ターンオフ・スピードは速く(損失は小さく)なります．

また，dv/dt誤点弧は，逆バイアス電圧が小さいほど発生しやすくなります．ディスクリート・タイプなどの小容量素子では，ドライブ回路との配線を短くできるため，$-V_{GE}=0V$でも問題が生じにくい傾向にありますが，モジュールを使用した装置はゲート配線が長くなってしまうので，逆バイアス電圧の設定には注意が必要です．

以下に，$-V_{GE}$の設計時の留意事項を示します．

(1) $+V_{GE}$は，ゲート-エミッタ間最大定格電圧$V_{GES}=\pm 20V_{(max)}$の範囲内で設計する．
(2) 電源電圧の変動は，±10％以内を推奨．
(3) IGBTのターンオフ特性は$-V_{GE}$に依存し，特にコレクタ電流がOFFし始める

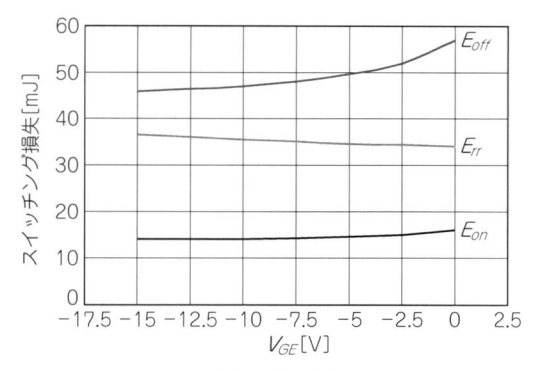

[図2-1] 逆バイアス電圧とスイッチング損失

部分の特性は$-V_{GE}$に強く依存する．したがって，ターンオフ・スイッチング時の時間や損失は$-V_{GE}$が大きいほど小さくなる．
(4) dv/dt誤点弧は$-V_{GE}$が小さい場合にも発生することがあり，少なくとも$-5V$以上に設定する．ゲートの配線が長い場合には，特に注意が必要．

図2-1に，1200V，400AのIGBTの逆バイアス電圧によるスイッチング損失の変化例を示します．ターンオフ損失は，逆バイアス電圧が大きいほど低減します．ターンオン損失と逆回復損失は，ほとんど逆バイアス電圧には依存しませんが，逆バイアス電圧が0Vではターンオン損失が増大します．これは，逆バイアス電圧$-V_{GE}$が減少することにより，短絡電流が増加するためです．

2.3　ゲート抵抗 R_g

ゲート抵抗R_gは，スイッチング特性を測定したときの標準ゲート抵抗値を示します．スイッチング時間，損失特性の測定条件として，IGBTの仕様書には標準的なゲート抵抗R_gの値が記載されています．R_gはIGBTのスイッチング特性にとても大きな影響力があります．逆にいえば，R_gを調整することによってスイッチング時間や損失，サージ電圧特性をある程度コントロールすることが可能です．通常，R_gはメーカ標準値を基準にして，1～3倍程度の範囲内で選定すればよいでしょう．

以下に，R_g設計時の留意事項を示します．
(1) スイッチング特性はターンオン，ターンオフ共にR_g値に依存し，R_gが大きいほどスイッチング時間やスイッチング損失は大きくなります．図2-2に，1200V，150AのFS-IGBTのゲート抵抗を変化させたときのターンオフ波形の例を示しま

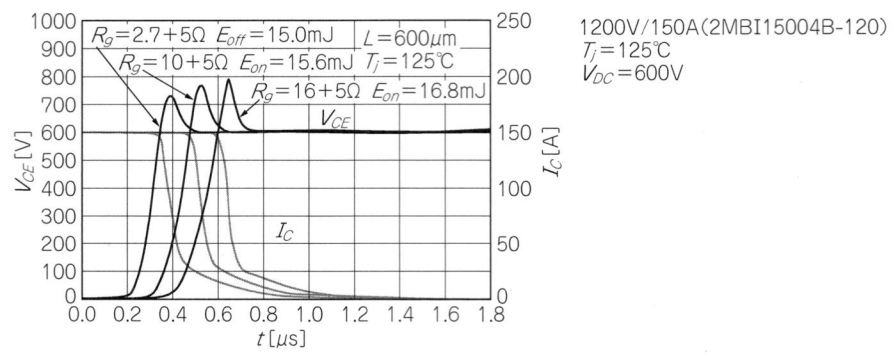

[図2-2] ゲート抵抗を変化させたときのターンオフ波形

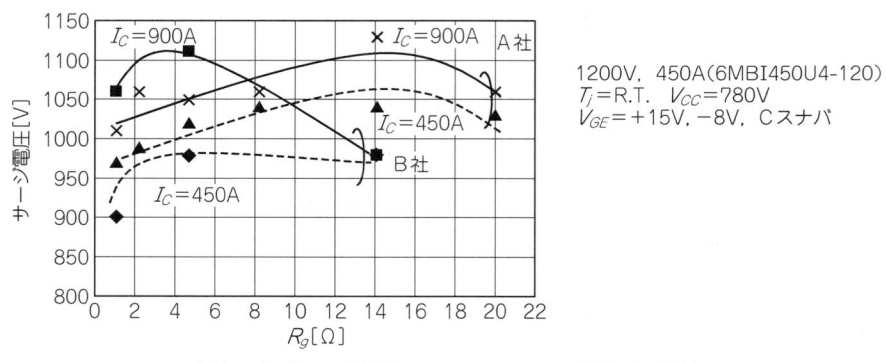

[図2-3] ゲート抵抗とターンオフ・サージ電圧の関係

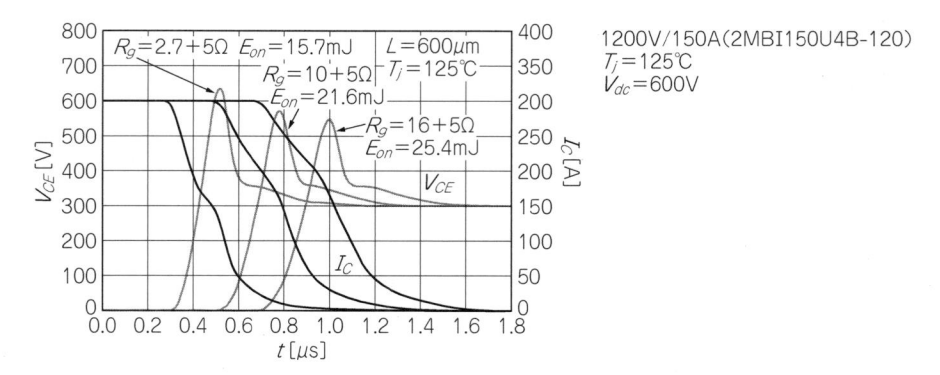

[図2-4] ゲート抵抗を変化させたときのターンオン波形

す．また，図2-3にゲート抵抗を変化させたときのサージ電圧を示します．FS-IGBTは，ゲート抵抗を大きくするとサージ電圧が逆に大きくなる領域と，またさらにゲート抵抗を大きくするとサージ電圧が小さくなる領域があります．

図2-4に，1200V，150AのIGBTのゲート抵抗を変化させたときのターンオン波形の例を示します．ターンオン波形は，ゲート抵抗を大きくするとターンオン・スピードが減少する特性があります．

しかし，ゲート抵抗の依存性はゲートなどのチップ構造によって違うので，各IGBTごとに特性を把握して設計する必要があります．

(2) dv/dt 誤点弧は，R_g が大きいほうが発生しにくくなります．

2.4　ドライブ電流について

IGBTはMOSゲート構造を持っているので，スイッチング時にはこれを充放電するゲート電流（ドライブ電流）を流す必要があります．図2-5に，ゲート充電電荷量特性を示します．ゲート充電電荷量特性は，IGBTを駆動するのに必要な電荷量を表しており，平均ドライブ電流や駆動電力の計算に使用されます．

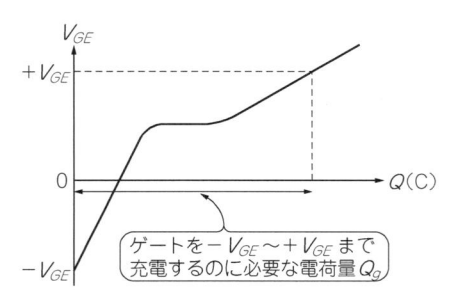

[図2-5] ゲート充電電荷量特性（ダイナミック入力特性）

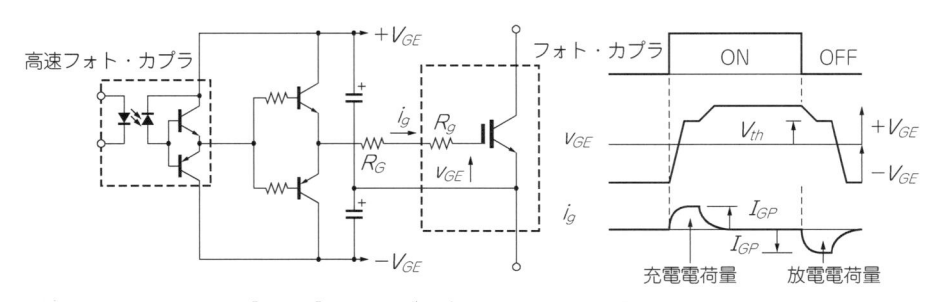

[図2-6] ドライブ回路の原理図と電圧/電流波形

図2-6に，ドライブ回路の原理図と電圧電流波形を示します．ドライブ回路の原理は，順バイアス電源と逆バイアス電源をスイッチS_1，S_2によって交互に切り替えるもので，この切り替え時にゲートを充放電する電流がドライブ電流であり，図2-6中の電流波形で表される面積が，図2-5中の充放電電荷量と等しくなります．

ドライブ電流の尖頭値I_{GP}は，次の近似式で求められます．

$$I_{GP} = \frac{+V_{GE} + |-V_{GE}|}{R_G + R_g}$$

$+V_{GE}$：順バイアス電源電圧
$-V_{GE}$：逆バイアス電源電圧
R_G　：ドライブ回路のゲート抵抗
R_g　：モジュール内部のゲート抵抗

ゲート充電電荷量特性(仕様書に記載)の0Vから立ち上がる部分の傾きは，入力容量C_{ies}とほぼ等価であり，逆バイアス領域はこの部分の延長として考えることができます．したがって，ドライブ電流の平均値I_Gは，図2-5に示すゲート充電電荷量特性を用いて次のように計算できます．

$$+I_G = -I_G = f_c \times (Q_g + C_{ies} \times |-V_{GE}|)$$

f_c　：キャリア周波数
Q_g　：0Vから$+V_{GE}$までの充電電荷量
C_{ies}：IGBTの入力容量

ドライブ回路の出力段には，これらの近似式で計算される電流I_{GP}，および$\pm I_G$を流せるように設計する必要があります．また，ドライブ回路の発生損失がすべてゲート抵抗で消費されるとすれば，IGBTを駆動するために必要なドライブ電力P_dは次式で表されます．

$$P_{d(\text{on})} = f_c \cdot \left(\frac{1}{2} \left(Q_g + C_{ies} \cdot |-V_{GE}| \right) \times \left(|+V_{GE}| + |-V_{GE}| \right) \right)$$

$$P_{d(\text{off})} = P_{d(\text{on})}$$

$$\begin{aligned}P_d &= P_{d(\text{off})} + P_{d(\text{on})} \\ &= f_c \cdot \left(Q_g + C_{ies} \cdot |-V_{ge}| \right) \times \left(|+V_{GE}| + |-V_{GE}| \right)\end{aligned}$$

したがって，ゲート抵抗にはこの近似式で計算される発生損失を許容できるものを選定する必要があります．

2.5 デッド・タイムの設定

　インバータ回路などでは上下アームの短絡防止のため，ON/OFFの切り替えタイミングにデッド・タイムを設定する必要があります．図2-7に示すように，デッド・タイム中は上下アームとも「OFF」の状態にします．デッド・タイムは，基本的にIGBTのスイッチング時間（$t_{off(\max)}$）より長く設定する必要があります．IGBTモジュールのデッド・タイムは，3μs以上とするのが一般的です．

　また，R_Gを大きくするとスイッチング時間も長くなるので，デッド・タイムも長くする必要があります．さらに，ほかのドライブ条件や素子のばらつき，温度特性なども考慮する必要があります（高温になるとt_{off}は長くなる）．デッド・タイムが短い場合には，上下アーム短絡が発生して短絡電流による発熱で素子が破壊する可能性があります．

　デッド・タイムの設定が正しいかどうかを判定する一つの方法に，無負荷時の直流電源ラインの電流を確認することがあげられます．

　図2-8のような3相インバータの場合に，インバータの出力（U，V，W）をオープン状態にして通常の入力信号を与え，DCラインの電流を測定します．デッド・

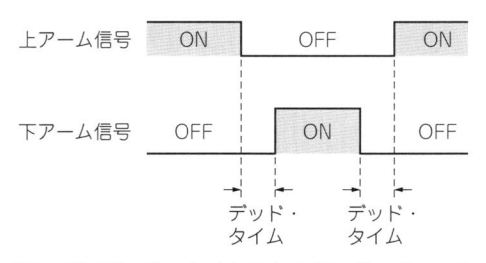

[図2-7] デッド・タイムのタイミング・チャート

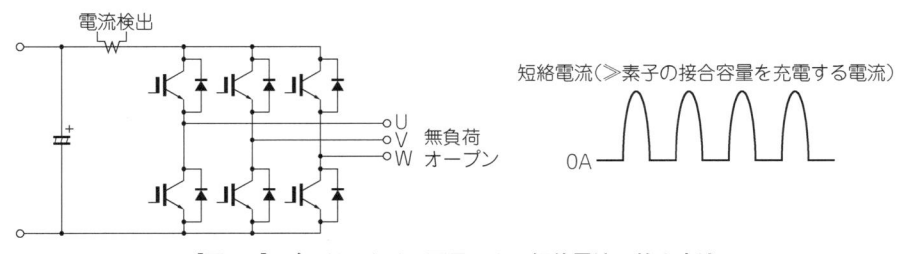

[図2-8] デッド・タイム不足による短絡電流の検出方法

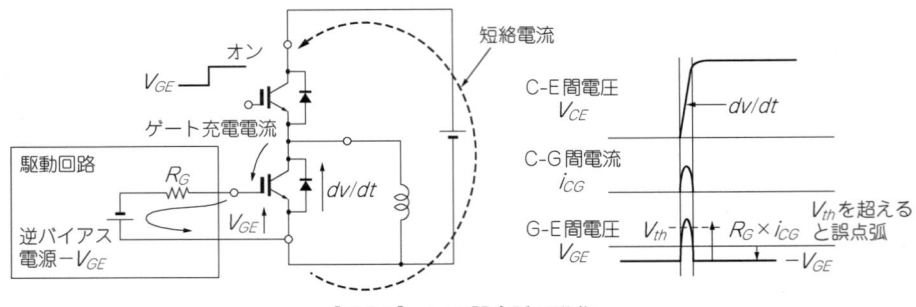

[図2-9] dv/dt誤点弧の動作

タイムが十分であっても微小なパルス状電流(素子のミラー容量を抜けてくる dv/dt 電流,通常は定格電流の5%程度)が流れますが,デッド・タイムが不足していればこれより大きな短絡電流が流れます.この場合には,この短絡電流がなくなるまでデッド・タイムを長くします.高温ほどターンオフ時間が長くなるので,この試験は高温状態で実施することを推奨します.

また,逆バイアス電圧 $-V_{GE}$ が不足しても,短絡電流が増加します.デッド・タイムを増加しても短絡電流が減少しないときには,逆バイアス電圧 $-V_{GE}$ を増やしてください.

図2-9に,dv/dt誤点弧の動作を示します.IGBTと並列に接続されたFWDが逆回復するときのdv/dtにより,IGBTの帰還容量を介してゲートに充電電流が流れます.この電流がゲートを充電します.逆バイアス電圧が大きく,ゲート回路のインピーダンス(配線インダクタンスとゲート抵抗のインピーダンス)が小さい場合には,ゲート電圧はスレッショルド電圧 V_{th} を超えませんが,逆バイアス電圧が小さくゲート回路のインピーダンスが大きい場合には,ゲート電圧はスレッショルド電圧 V_{th} を超えてしまいIGBTが誤点弧して短絡電流を流します.一般的に,逆バイアス電圧としては,$-V_{GE} \geq 5V$ 以上に設定します.

2.6　ゲート・ドライブ回路の具体例

(1) フォト・カプラを使用したゲート・ドライブ回路

インバータ回路などでは,IGBTと制御回路の間を電気的に絶縁する必要があります.このような用途に用いられるゲート・ドライブ回路の例を紹介します.

図2-10に,高速フォト・カプラを使用したドライブ回路の例を示します.フォト・

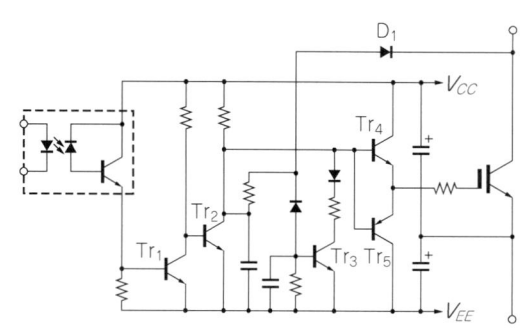

[図2-10] フォト・カプラを使用した短絡保護回路付きゲート・ドライブ回路の例

カプラを使用することにより，入力信号と素子が絶縁されます．また，フォト・カプラは出力パルス幅に対する制約がないので，PWM制御のようなパルス幅が広範囲に変化する用途に適しており，現在ではもっとも広く使用されています．

また，ゲート抵抗を二つ設けてターンオンとターンオフの特性を別々に設定することもでき，最適な設計のために使用されることがあります．

表2-2にフォト・カプラを用いたゲート・ドライブ回路の製品例（イサハヤ電子製）を，図2-11に，ゲート・ドライブ回路VLA517-01Rを使用した回路例を示します．IGBTのゲート容量によって駆動電流が増加するので，IGBTの定格電流に合わせたゲート・ドライブ回路が用意されています．図2-12と図2-13に，VLA517-01Rを用いたスイッチング波形と短絡保護動作波形を各々示します．短絡保護回路は，

[表2-2] 市販されているフォト・カプラを使用したゲート・ドライブ回路（イサハヤ電子）

	10A	20A	50A	75A	100A	150A	200A	300A	400A
600Vクラス	—	VLA517-01R				—			
1200Vクラス	VLA517-01R							VLA503-01R	
1400Vクラス	VLA517-01R				—				

	25A	30A	50A	75A	100A	150A	200A	225A	300A	400A	450A	600A	800A
600Vクラス	—	VLA517-01R									VLA503-01R		—
1200Vクラス	VLA517-01R										VLA503-01R		VLA500-01R
1700Vクラス	—			M57962K-01R								VLA500K-01R	

2.6 ゲート・ドライブ回路の具体例

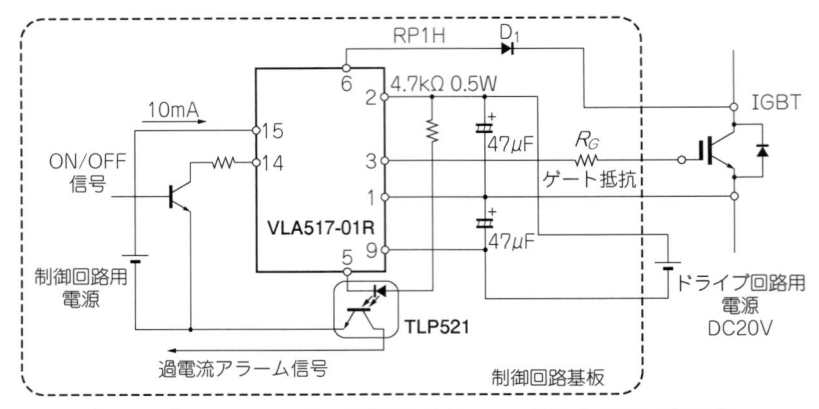

[図2-11] フォト・カプラを使用したゲート・ドライブ回路の接続図

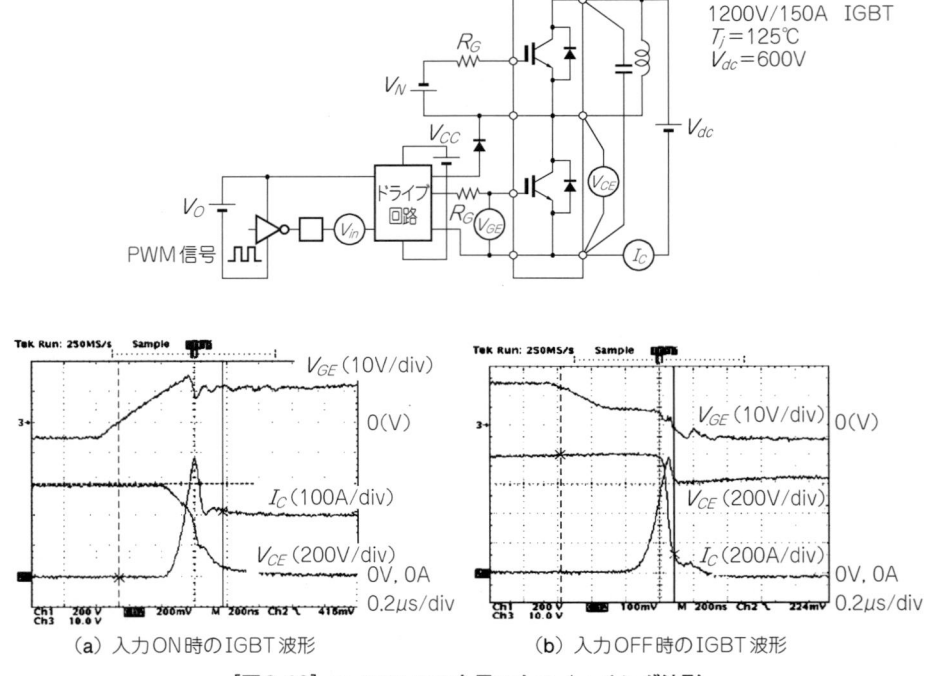

(a) 入力ON時のIGBT波形
(b) 入力OFF時のIGBT波形

[図2-12] VLA517-01Rを用いたスイッチング波形

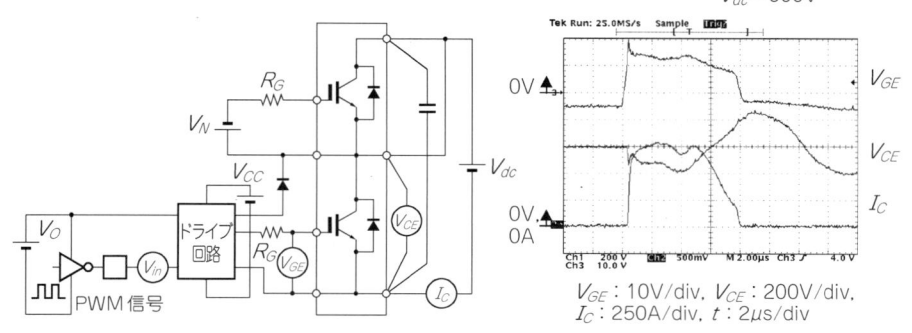

1200V/300A IGBT
$T_j = 125℃$
$V_{dc} = 600V$

[図2-13] VLA517-01Rを用いた短絡保護波形

V_{GE}：10V/div，V_{CE}：200V/div，
I_C：250A/div，t：2μs/div

コレクタ-エミッタ電圧をコレクタに接続されたダイオードD_1で検出し，短絡時にコレクタ-エミッタ電圧が設定値以上になるとトランジスタTr_3がONしてソフト・ターンオフする回路です．

(2) フォト・カプラを使用したゲート・ドライブ回路の実装上の注意事項
①フォト・カプラのノイズ耐量について
　IGBTは高速スイッチング素子であるため，ドライブ回路に使用するフォト・カプラはノイズ耐量の大きいものを選定する必要があります．また，誤動作を避けるためフォト・カプラの一次側と二次側の配線を交差させないようにしてください．このほか，IGBTの高速スイッチング性能を活かすには，信号伝達遅れ時間の短いフォト・カプラを使用する必要があります．

②ドライブ回路とIGBT間の配線について
　ドライブ配線を極力短くし，ゲート配線とエミッタ配線を密に撚り合わせます（ツイスト配線）．ゲート配線とIGBTの主回路配線はできる限り遠ざけ，互いに直交する（相互誘導を受けない）ようにレイアウトします．さらに，他相のゲート配線と一緒に束ねたりしないようにする必要があります．

　IGBTモジュールとドライブ回路をつなぐ配線が長かったり，ゲート，エミッタそれぞれの配線が離れていると，ゲート電圧が振動したり，外部からの誘導ノイズによってIGBTが誤動作する場合があります．これの対策方法としては，以下のような点に注意してください．
(1) ドライブ回路とモジュールとの配線は極力短くして，さらにゲート-エミッタ間の接続線を密に撚り合わせる（ツイスト配線）．

2.6 ゲート・ドライブ回路の具体例 | 071

(2) ゲート抵抗を大きくして，スイッチング・ノイズを減らす．
(3) ゲート配線と主回路の配線はできるだけ遠ざけ，互いに直交するように（主回路からの誘導を受けにくい）配置する．他相のゲート配線と一緒に束ねたりしないようにする．

　また，ドライブ回路とモジュールとの接続が不完全であったり，ドライブ回路電源が十分に確立していない状態でコレクタ-エミッタ間に主回路電圧がかかると，ゲートがオープン状態になっているためにIGBTが誤ってONして破壊する場合があります．これを防止するためには，IGBTのゲート-エミッタ間に10kΩ程度の抵抗（図2-14のR_{GE}）を接続しておくとよいでしょう．また，ゲート回路が完全に動作してから主電源を投入する配慮も必要です．

③ゲート過電圧保護について
　IGBTは，ほかのMOS型素子と同様に充分に静電対策を実施した環境下で取り扱う必要があります．また，ゲート-エミッタ間の最大定格電圧は±20V程度なので，これ以上の電圧が印加される可能性がある場合には，図2-15に示すようにゲート-エミッタ間にツェナー・ダイオードを接続するなどの保護対策が必要となります．

(3) HVIC（高耐圧IC）を使用したゲート・ドライブ回路
　HVIC（高耐圧IC）を使用したゲート・ドライブ回路を，図2-16に示します．HVICは，主回路のN電位をゲート・ドライブ回路のグラウンド電位GNDと同じとし，下アームのIGBTを非絶縁で駆動します．また，上アームのON/OFF信号をIC内の高耐圧ICで信号を伝え，上アームのIGBTを駆動します．HVICは，一般的にブートストラップ回路で上アームの駆動電源V_{P1}〜V_{P3}を供給します．ブートストラップ回路は，最初に下アームのIGBTをONし，下アームの駆動電源からダイオードD_1〜D_3を介して，上アームの駆動電源V_{P1}〜V_{P3}に電力を供給します．

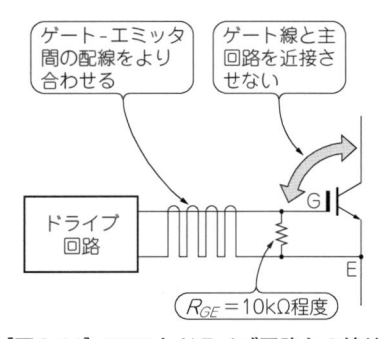

[図2-14] IGBTとドライブ回路との接続

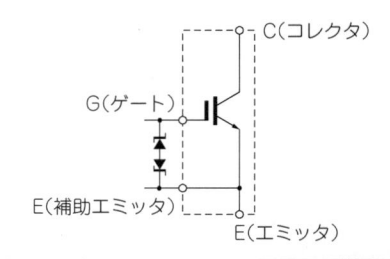

[図2-15] ゲート-エミッタ間電圧保護回路

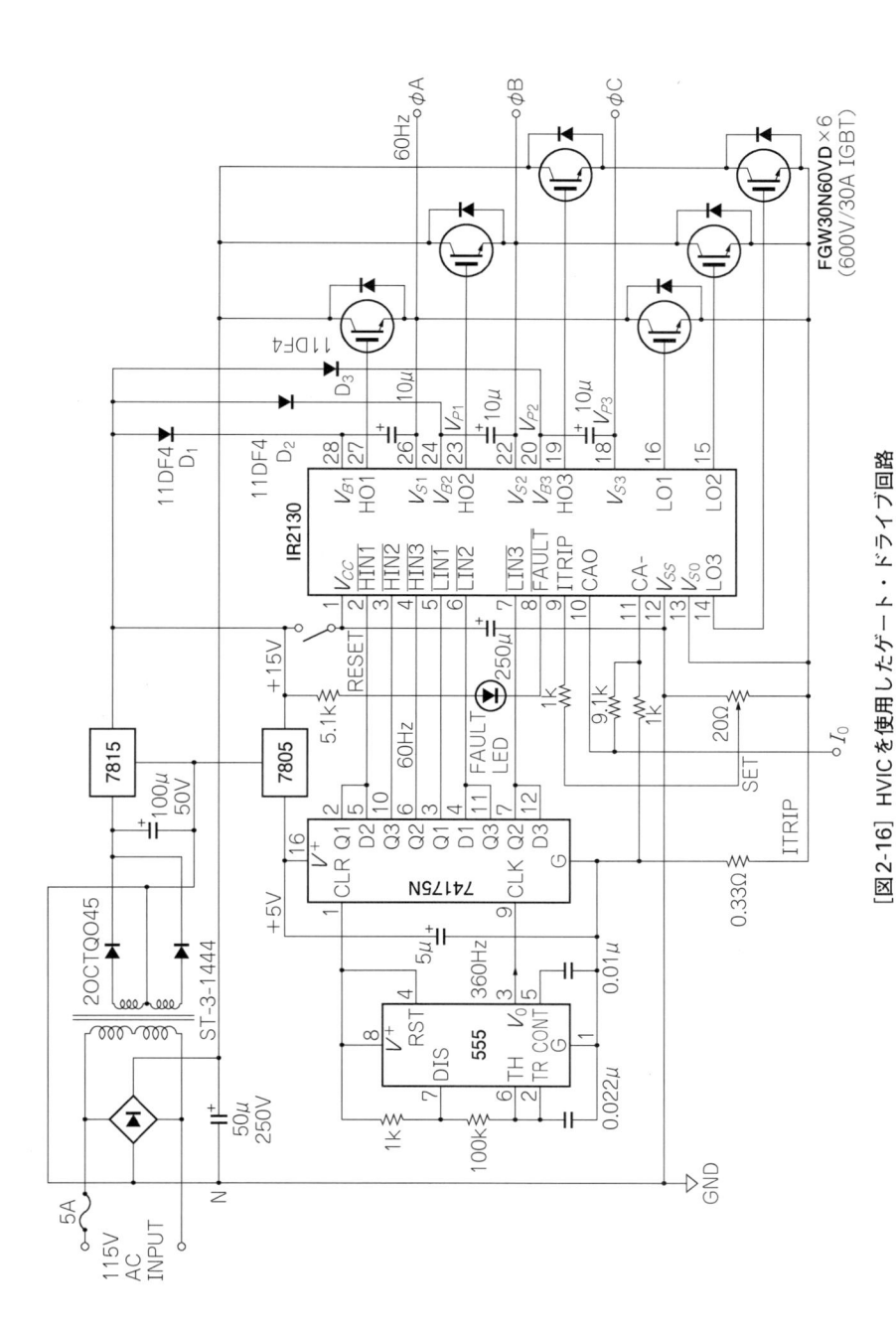

[図2-16] HVICを使用したゲート・ドライブ回路

2.6 ゲート・ドライブ回路の具体例

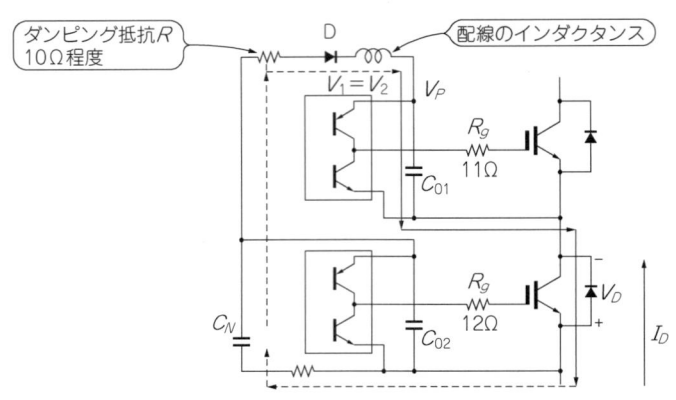

[図2-17] ブートストラップ回路

[写真2-1] パルス・トランスを使用した
ゲート・ドライブ回路の例

したがって，下アームがONしないと上アームの駆動電力がないため，一般的に3.7kW以下の小容量のインバータ回路に使用されます．

(4) HVICを使用したゲート・ドライブ回路の実装上の注意事項
①上アーム電源変動の低減

図2-17に，下アームのダイオードが電流を流しているときのブートストラップ回路の上アーム充電電流経路を示します．この動作では，ダイオードの電圧降下分V_Dの電圧が下アームの電源電圧V_Nに足されて上アームの電源V_Pに充電されます．特にダイオードが電流を流し始めるときには過渡順電圧が数V程度発生するので，上アームの電圧が上昇する場合があります．この対策としては，ダンピング抵抗を数十Ω接続し，過渡順電圧が発生しているとき（通常1μs以下）にピーク充電される

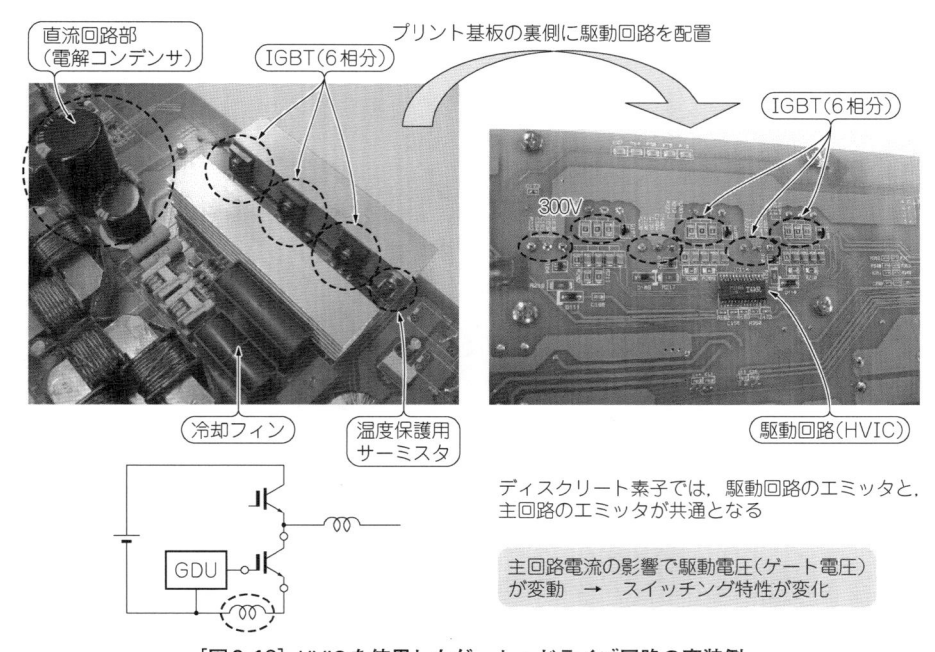

[図2-18] HVICを使用したゲート・ドライブ回路の実装例

のを防ぐ回路が用いられます．
② 主回路配線とエミッタ配線の実装上の注意

図2-18に，ディスクリートIGBTをプリント基板(PCB基板)に実装し，HVICを用いたゲート・ドライブ回路で駆動する回路を示します．このとき，主回路配線には急峻なdi/dtの電流が流れるため電圧が発生します．したがって，ゲート・ドライブ回路のエミッタ配線を主回路配線の途中から接続すると，この電流変化による電圧が各IGBTのゲートに印加されます．したがって，上アームのエミッタ配線は各エミッタ端子の直近に配線します．また，下アームの主回路配線はできるだけ幅広く配線インピーダンスを小さくしてループを作らないように(1点接続)ゲート・ドライブ回路のエミッタと配線します．

(5) パルス・トランスを用いたゲート・ドライブ回路

IGBTと駆動信号の絶縁にパルス・トランスを使用したゲート・ドライブ回路が市販されています．**写真2-1**に，CONCEPT社製のゲート・ドライブ回路の例を示します．このゲート・ドライブ回路は，IGBTモジュールと組み合わせて使用できるようになっています．

2.6 ゲート・ドライブ回路の具体例

第3章 保護回路の設計と並列接続

配線ミスや制御回路の誤動作などによりIGBTモジュールが短絡すると，高い電圧や電流がIGBTに印加されるため，このような短絡状態をすばやく検出して保護する（モジュールを強制的に遮断する）必要があります．そこで本章では，IGBTモジュールの保護回路の設計手法について説明します．

また，通電電流能力を稼ぐためにIGBTを並列に接続して使用することがあります．本章では，IGBTを並列に接続する場合の電流分担の阻害要因と並列接続時の留意点についても説明します．

3.1 短絡保護と過電流保護

● 短絡の発生原因と短絡耐量

IGBTが適用される装置において，短絡事故が発生するとIGBTが破壊されることがあります．インバータ装置の例として，その短絡モードの種類と発生原因を図3-1に示します．IGBTモジュールには，短絡状態での破壊耐量（短絡耐量）が規定されており，短絡が発生してから耐量以内（通常は数μs～10μs程度）の時間で遮断しなくてはなりません．

短絡事故が発生するとIGBTのコレクタ電流が増加し，所定の値を超えるとコレクタ-エミッタ間の電圧が急増します（IGBTの活性領域）．この特性により，短絡時のコレクタ電流は一定の値以下に抑制されますが，IGBTには高電圧，大電流の大きな負荷が印加された状態になり，この負荷が過大になるとIGBTが破壊されるので，可能な限り短時間でこの負荷を取り除く必要があります．この許容責務をIGBTの短絡耐量といい，短絡耐量は図3-2のように短絡電流の流れ始めから破壊に至るまでの時間で規定します．その例を下記に示します．

短絡耐量：$\geq 10\mu$s(min)

〈条件〉
- V_{CC}　600V素子：$E_d(V_{CC})=400$V，1200V素子：$E_d(V_{CC})=800$V

- $V_{GE}=15\text{V}$
- R_G：標準値 R_G
- $T_j=125℃$

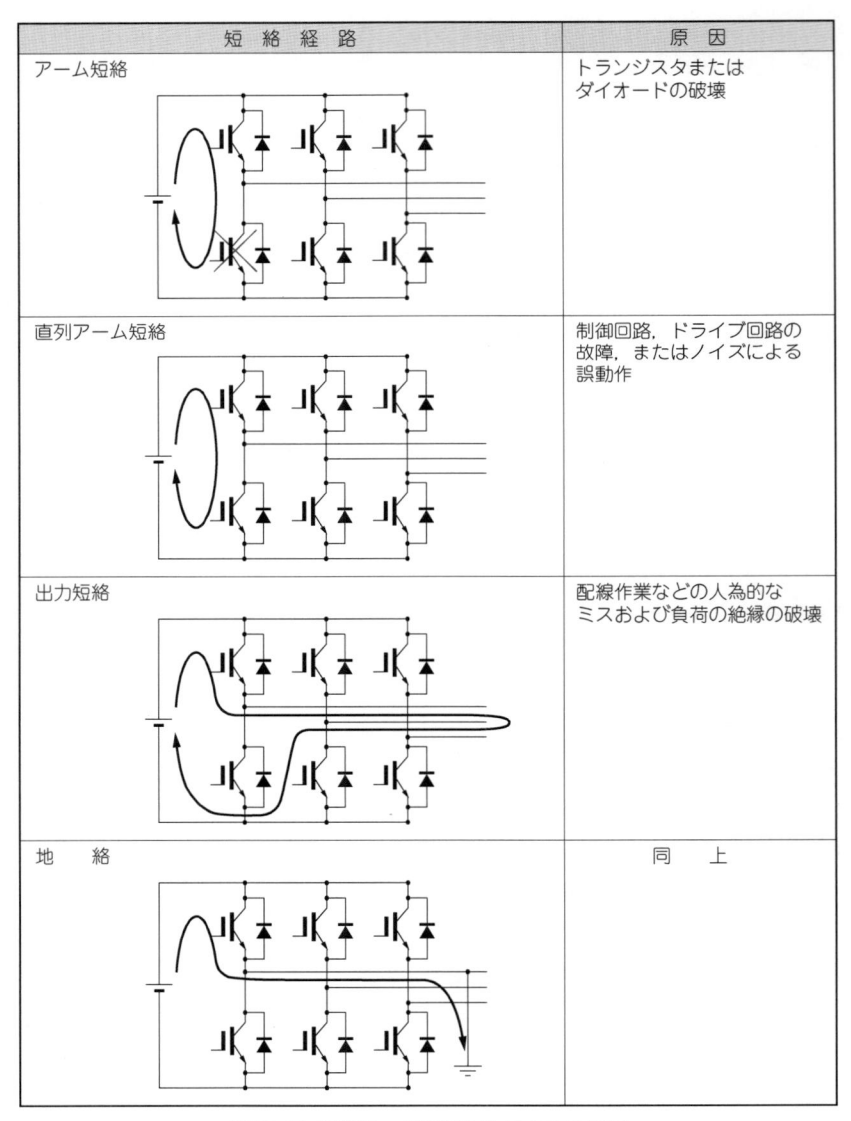

短　絡　経　路	原　因
アーム短絡	トランジスタまたはダイオードの破壊
直列アーム短絡	制御回路，ドライブ回路の故障，またはノイズによる誤動作
出力短絡	配線作業などの人為的なミスおよび負荷の絶縁の破壊
地　絡	同　上

[図3-1] 短絡モードの種類とその発生原因

一般的に短絡耐量は，電源電圧 E_d が高いほど，また接合部温度 T_j が高いほど小さくなります．

● 短絡（過電流）の検出方法
(1) 過電流検出器による検出
　前述したように，IGBTは短時間で遮断保護をする必要があるので，過電流を検出してからターンオフが完了するまでの各回路の動作遅れ時間は最小になるように設計します．
　なお，IGBTのターンオフ時間は極めて速いので，通常のドライブ信号で短絡時の過電流を遮断するとコレクタ電圧のはね上がりが大きくなり，IGBTが過電圧で破壊（RBSOA破壊）する可能性があります．そこで，過電流を遮断する際には，IGBTをゆるやかにターンオフ（ソフト・ターンオフ）させるようにします．
　図3-3に過電流検出器の挿入方法を，表3-1にそれぞれの方法の特徴と検出可能な内容を示します．どのような保護が必要かを検討し，適切な方法を選択すること

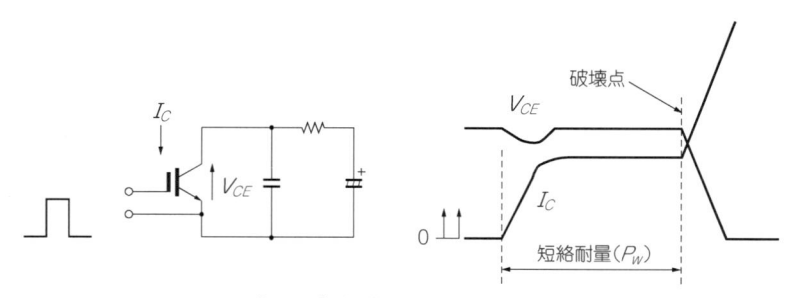

[図3-2] 短絡の測定回路と波形

検出器の挿入位置	検出内容
①,②,③	・アーム短絡 ・出力短絡 ・地絡
④	・出力短絡 ・地絡

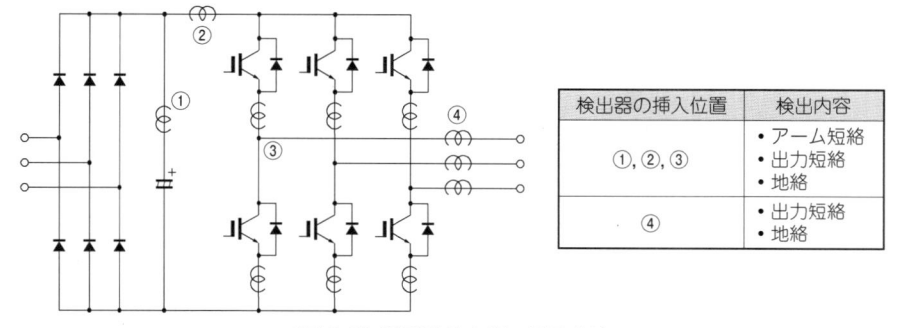

[図3-3] 過電流検出器の挿入方法

3.1　短絡保護と過電流保護 | 079

[表3-1] 過電流検出器の挿入位置と検出内容

検出器の挿入位置	特　徴	検出内容
平滑コンデンサと直列に挿入 図3-3の①	・AC用CTが使用可能 ・検出精度が低い	・アーム短絡 ・直列アーム短絡 ・出力短絡 ・地絡
インバータの入力に挿入 図3-3の②	・DC用CTの使用が必要 ・検出精度が低い	同　上
インバータの出力に挿入 図3-3の③	・高周波出力の装置ではAC用CTを使用可能 ・検出精度が高い	・出力短絡 ・地絡
各素子と直列に挿入 図3-3の④	・DC用CTの使用が必要 ・検出精度が高い	・アーム短絡 ・直列アーム短絡 ・出力短絡 ・地絡

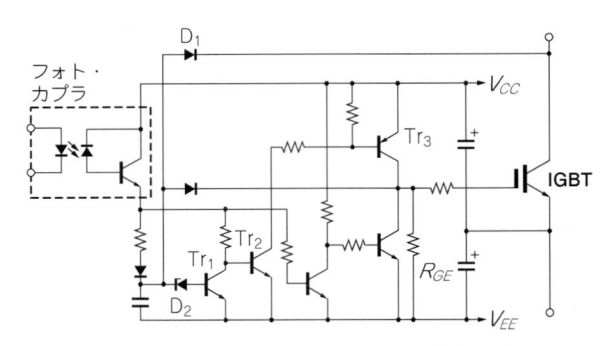

[図3-4] $V_{CE(sat)}$ の検出による短絡保護回路

が重要になります．

(2) $V_{CE(sat)}$ による検出

　この方法は，図3-1に示したすべての短絡事故に対する保護が可能であり，過電流検出から保護までの動作がドライブ回路側で行われるので，もっとも高速な保護動作が可能になります．図3-4に，$V_{CE(sat)}$ 検出による短絡保護回路の例を示します．

　この回路は，IGBTのコレクタ-エミッタ間の電圧を D_1 を介して常時監視し，導通期間中のIGBTのコレクタ-エミッタ間の電圧が D_2 によって設定される電圧を超えた場合を短絡状態として検出し，Tr_1 がON，Tr_2 がOFF，Tr_3 がOFFとなります．このとき，ゲート蓄積電荷は R_{GE} を通してゆっくり放電するので，IGBTがターンオフする際の過大なスパイク電圧の発生が抑制されます．このときの短絡保護の動作波形を図3-5に示します．

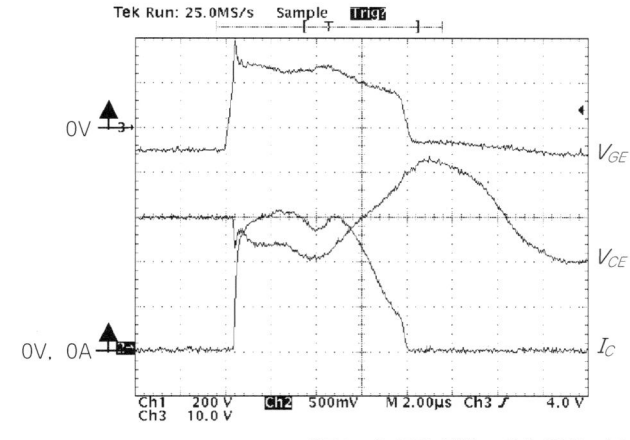

[図3-5] 短絡保護の動作波形の例

3.2　過電圧保護

　本節では，IGBTターンオフ時の電圧波形を例にとり，発生要因と抑制方法を紹介し，具体的な回路例(IGBT，FWD共に適用可)を説明します．

● コレクタ-エミッタ間過電圧発生要因

　IGBTはスイッチング速度が速いため，IGBTターンオフ時，またはFWD逆回復時に高いdi/dtを発生し，モジュール周辺の配線インダクタンス分Lによる$L \cdot (di/dt)$電圧(ターンオフ・サージ電圧)が発生します．

　ターンオフ・サージ電圧を測定するための簡易的な回路として，図3-6にチョッパ回路の例を示します．また，図3-7にはIGBTがターンオフする際の動作波形を示します．

　ターンオフ・サージ電圧は，IGBTがターンオフする際の主回路電流の急激な変化によって，主回路の浮遊インダクタンスに高い電圧が誘起されることにより発生します．

　ターンオフ・サージ電圧の尖頭値V_{CESP}は，次式で求められます．

$$V_{CESP} = E_d + \left| L \frac{dI_c}{dt} \right| \quad \cdots\cdots\cdots (3\text{-}1)$$

L：直流電源E_dからモジュールまでの配線インダクタンス

dI_c/dt：ターンオフ時のコレクタ電流変化率の最大値

V_{CESP}がIGBTのコレクタ-エミッタ間耐圧（V_{CES}）を超えると破壊に至ることがあります．

● 過電圧抑制方法

過電圧発生要因であるターンオフ・サージ電圧を抑制するには，下記に示す方法があります．

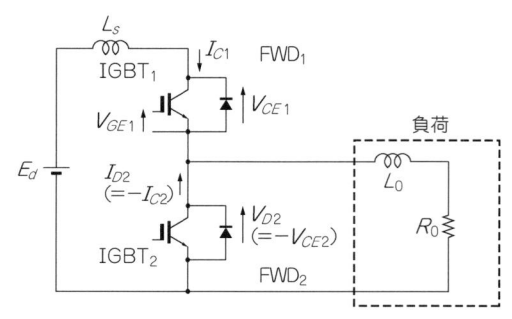

[図3-6] チョッパ回路

E_d：直流電源電圧
L_s：主回路の浮遊インダクタンス
負荷：L_0, R_0

(a) IGBTターンオン波形

(b) IGBTターンオフ波形

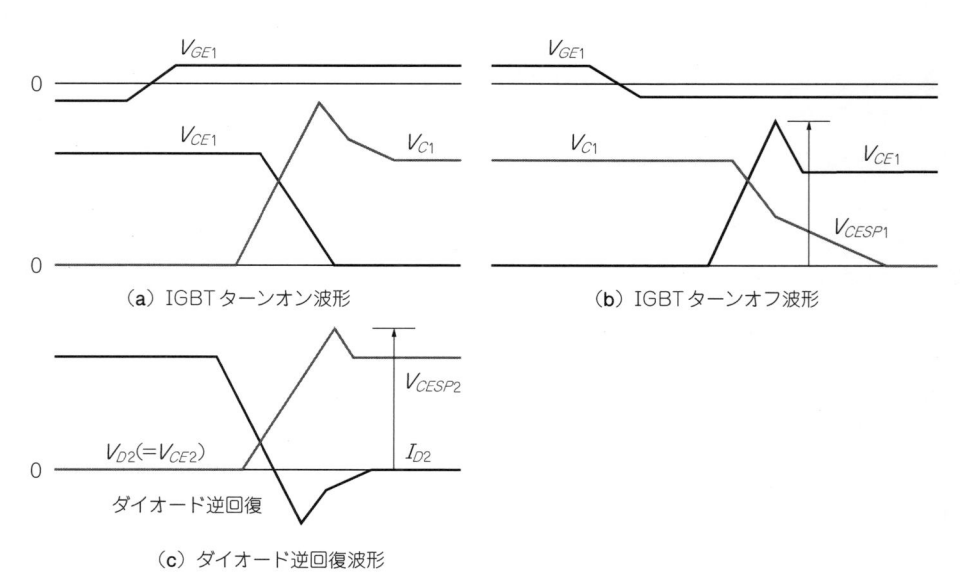

(c) ダイオード逆回復波形

[図3-7] 動作波形

(1) IGBTに保護回路（スナバ回路；snubber circuit）を付けてサージ電圧を吸収させます．スナバ回路のコンデンサには周波数特性の良いフィルム・コンデンサを用い，IGBTの近くに配置して高周波サージ電圧を吸収させるようにします．
(2) IGBTのドライブ回路の$-V_{GE}$やR_Gを調整し，di/dtを小さくします．
(3) 直流中間の電解コンデンサをできるだけIGBTの近くに配置し，配線インダクタンスを低減させます．低インピーダンスのコンデンサを用いるとさらに効果的です．
(4) 主回路およびスナバ回路の配線インダクタンスを低減するために，配線をより太く，短くします．たとえば，配線に銅バーを使用します．また，並行平板配線（ラミネート配線）を用いると，低インダクタンス化に大変効果的です．

● スナバ回路の種類と特徴

スナバ回路は，スイッチをON/OFFする際に生じる過渡的な電圧を吸収するための保護回路で，"snub"は急停止させるという意味です．機械的なスイッチには，図3-8に示すRCスナバ回路が一般によく用いられています．

IGBTに使用するスナバ回路には，すべての素子に1対1で付ける個別スナバ回路と，直流母線間に一括で付ける一括スナバ回路があります．

(1) 個別スナバ回路

個別スナバ回路の代表的な例として，下記のスナバ回路があります．

　　　(a) RCスナバ回路（図3-9）
　　　(b) 充放電型RCDスナバ回路（図3-10）
　　　(c) 放電阻止型RCDスナバ回路（図3-11）

(2) 一括スナバ回路

一括スナバ回路の代表的な例として，下記のスナバ回路があります．

　　　(a) Cスナバ回路（図3-12）
　　　(b) RCDスナバ回路（図3-13）

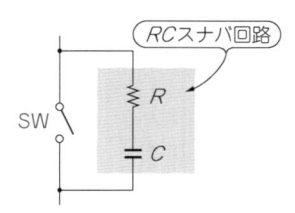

[図3-8] 簡単なRCスナバ回路

スナバ回路接続図	特徴	主な用途
	・ターンオフ・サージ電圧抑制効果が大きい ・チョッパ回路に最適 ・大容量のIGBTに適用する際には，スナバ抵抗を小さくする必要があり，その結果ターンオン時のコレクタ電流が増大し，IGBTの選択が厳しくなる	溶接機 スイッチング電源

[図3-9] *RC*スナバ回路の特徴

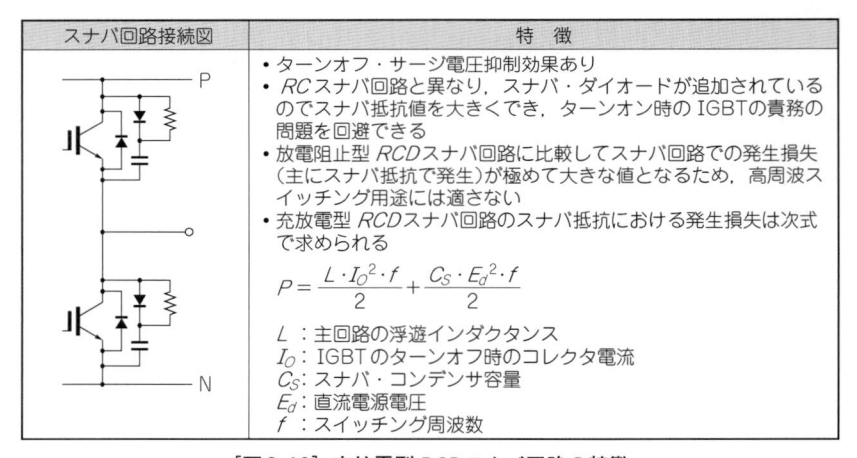

スナバ回路接続図	特徴
	・ターンオフ・サージ電圧抑制効果あり ・*RC*スナバ回路と異なり，スナバ・ダイオードが追加されているのでスナバ抵抗値を大きくでき，ターンオン時のIGBTの責務の問題を回避できる ・放電阻止型*RCD*スナバ回路に比較してスナバ回路での発生損失（主にスナバ抵抗で発生）が極めて大きな値となるため，高周波スイッチング用途には適さない ・充放電型*RCD*スナバ回路のスナバ抵抗における発生損失は次式で求められる $$P = \frac{L \cdot I_O^2 \cdot f}{2} + \frac{C_S \cdot E_d^2 \cdot f}{2}$$ L：主回路の浮遊インダクタンス I_O：IGBTのターンオフ時のコレクタ電流 C_S：スナバ・コンデンサ容量 E_d：直流電源電圧 f：スイッチング周波数

[図3-10] 充放電型*RCD*スナバ回路の特徴

　最近では，スナバ回路を簡素化する目的で，一括スナバ回路を使用することが多くなってきています．表3-2に一括*C*スナバ回路を用いる場合のスナバ容量の目安を，図3-14にそのターンオフ波形の例を示します．

● 放電阻止型*RCD*スナバ回路の設計方法
　IGBTのスナバ回路として，もっとも合理的と思われる放電阻止型*RCD*スナバ回路の基本的な設計方法について説明します．

スナバ回路接続図	特徴	主な用途
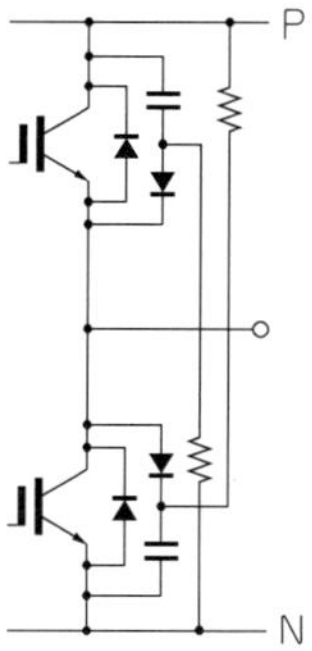	・ターンオフ・サージ電圧抑制効果がある ・高周波スイッチング用途に最適 ・スナバ回路での発生損失が少ない ・充放電型 RCD スナバ回路のスナバ抵抗における発生損失は次式で求められる $$P = \frac{L \cdot I_O^2 \cdot f}{2}$$ L：主回路の浮遊インダクタンス I_O：IGBTのターンオフ時のコレクタ電流 f：スイッチング周波数	インバータ

[図3-11] 放電阻止型スナバ回路の特徴

スナバ回路接続図	特徴	主な用途
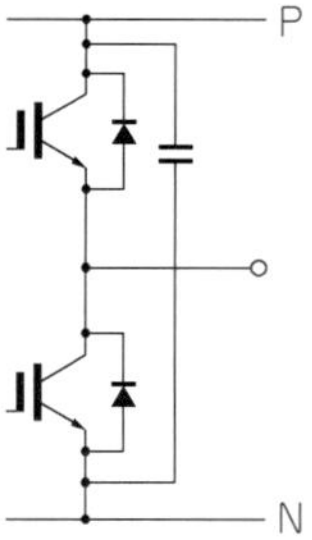	・もっとも簡易的な回路 ・主回路インダクタンスとスナバ・コンデンサによる LC 共振回路により電圧が振動しやすい	インバータ

[図3-12] Cスナバ回路の特徴

スナバ回路接続図	特徴	主な用途
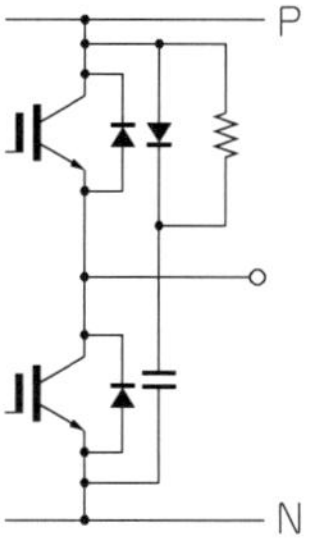	・スナバ・ダイオードの選定を誤ると高いスパイク電圧が発生したり，スナバ・ダイオードの逆回復時に電圧が振動することがある	インバータ

[図3-13] RCDスナバ回路の特徴

[表3-2] 一括Cスナバ容量の目安

項目 素子定格	ドライブ条件*1 $-V_{GE}$ [V]	R_G [Ω]	主回路浮遊インダクタンス [μH]	スナバ容量 C_S [μF]
600V 50A	≦15	≧68	—	0.47
600V 75A	≦15	≧47	—	0.47
600V 100A	≦15	≧33	≦0.2	1.5
600V 150A	≦15	≧24	≦0.2	1.5
600V 200A	≦15	≧16	≦0.16	2.2
600V 300A	≦15	≧9.1	≦0.1	3.3
600V 400A	≦15	≧6.8	≦0.08	4.7
1200V 50A	≦15	≧22	—	0.47
1200V 75A	≦15	≧9.1	—	0.47
1200V 100A	≦15	≧5.6	—	0.47
1200V 150A	≦15	≧4.7	≦0.2	1.5
1200V 200A	≦15	≧3.0	≦0.16	2.2
1200V 300A	≦15	≧2.0	≦0.1	3.3

*1：富士電機製UシリーズIGBTの代表的な標準ゲート抵抗を示す．

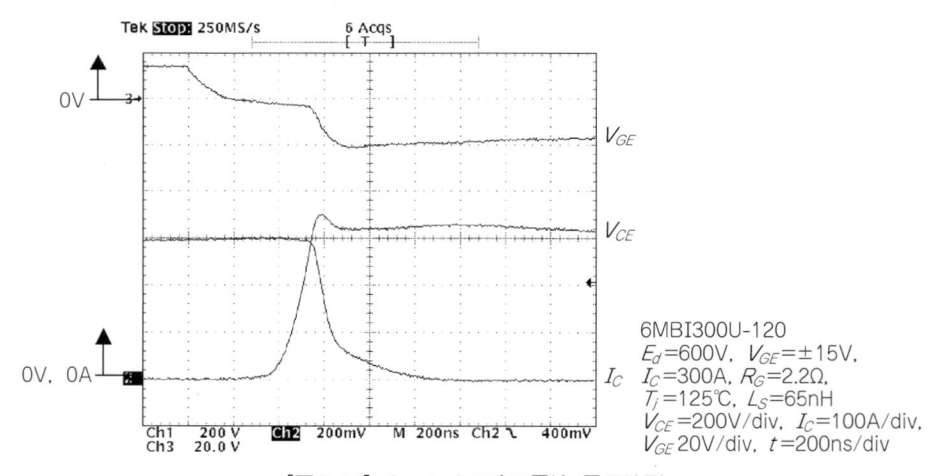

6MBI300U-120
E_d=600V, V_{GE}=±15V,
I_C=300A, R_G=2.2Ω,
T_j=125℃, L_S=65nH
V_{CE}=200V/div, I_C=100A/div,
V_{GE} 20V/div, t=200ns/div

[図3-14] ターンオフ時の電流/電圧波形

(1) 適用可否の検討

　図3-15に放電阻止形RCDスナバ回路を適用した場合のターンオフ時の動作軌跡を，図3-16にターンオフ時の電流/電圧波形を示します．放電阻止形RCDスナバは，IGBTのコレクタ-エミッタ間電圧が直流電源電圧E_dを超えてから動作し，その理想的な動作軌跡は図中の点線のようになります．しかし，実際の装置では，ス

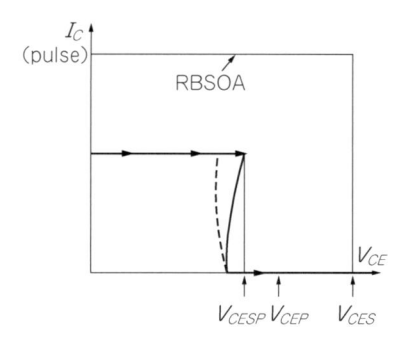

[図3-15] ターンオフ時の動作軌跡

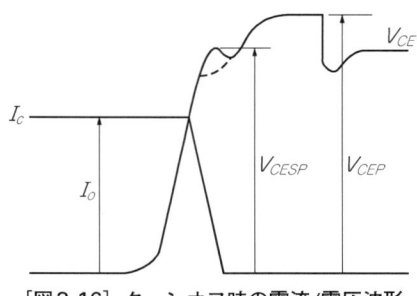

[図3-16] ターンオフ時の電流/電圧波形

ナバ回路の配線インダクタンスやスナバ・ダイオードの過渡順電圧降下の影響によるターンオフ時のスパイク電圧が存在するため，実線で示すような右肩の膨らんだものになります．放電阻止形RCDスナバ回路を適用するためには，このターンオフ時の動作軌跡がIGBTのRBSOA（逆バイアス安全動作領域）内に収まる必要があります．

なお，ターンオフ時のスパイク電圧は，次式で求められます．

$$V_{CESP} = E_d + V_{FM} + \left| L_S \cdot \frac{dI_c}{dt} \right| \quad \cdots\cdots(3\text{-}2)$$

E_d：直流電源電圧

V_{FM}：スナバ・ダイオードの過渡順電圧降下

L_S：スナバ回路の配線インダクタンス

dI_C/dt：ターンオフ時のコレクタ電流変化率の最大値

また，スナバ・ダイオードの一般的な過渡順電圧降下の参考値は下記のとおりです．

600Vクラス　：20～30V

1200Vクラス：40～60V

(2) スナバ・コンデンサの容量値の求め方

スナバ・コンデンサ(C_S)に必要な容量値は，次式で求められます．

$$C_S = \frac{L \cdot I_o^2}{(V_{CEP} - E_d)^2} \quad \cdots\cdots(3\text{-}3)$$

L：主回路の浮遊インダクタンス

I_o：IGBTのターンオフ時コレクタ電流

V_{CEP}：スナバ・コンデンサ電圧の最終到達値

E_d：直流電源電圧

V_{CEP}は，IGBTのコレクタ-エミッタ間の耐圧以下に抑える必要があります．また，スナバ・コンデンサには高周波特性の良いもの（フィルム・コンデンサなど）を使用してください．

(3) スナバ抵抗の求め方

スナバ抵抗（R_S）に要求される機能は，IGBTが次のターンオフ動作を行うまでに，スナバ・コンデンサの蓄積電荷を放電することです．IGBTが次のターンオフ動作を行うまでに，蓄積電荷の90%を放電する条件でスナバ抵抗を求めると次式のようになります．

$$R_S \leq \frac{1}{2.3\, C_S \cdot f} \quad \cdots\cdots\cdots\cdots(3\text{-}4)$$

f：スイッチング周波数

スナバ抵抗を低すぎる値に設定すると，スナバ回路電流が振動し，IGBTのターンオン時のコレクタ電流尖頭値も増えるので，式(3-4)を満足する範囲内で極力高

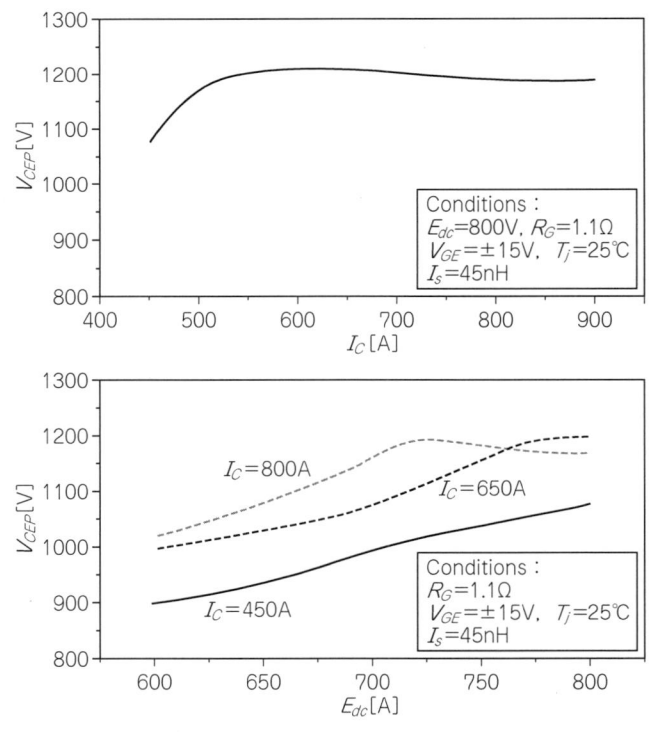

[図3-17] IGBTターンオフ時のサージ電圧（6MBI450U4-120の例）

い値に設定してください．また，スナバ抵抗の発生損失$P(R_S)$は抵抗値と関係なく次式で求められます．

$$P(R_S) = \frac{L \cdot I_o^2 \cdot f}{2} \quad \text{······································(3-5)}$$

(4) スナバ・ダイオードの選定

スナバ・ダイオードの過渡順電圧降下は，ターンオフ時のスパイク電圧が発生する要因の一つになります．また，スナバ・ダイオードの逆回復時間が長いと，高周波スイッチング動作時にスナバ・ダイオードの発生損失が大きくなり，スナバ・ダイオードの逆回復が急激であると，スナバ・ダイオードの逆回復動作時にIGBTのコレクタ-エミッタ間電圧が急激に大きく振動します．スナバ・ダイオードには，過渡順電圧が低く，逆回復時間が短く，逆回復がソフトなものを選びます．

(5) スナバ回路の配線上の注意事項

スナバ回路の配線によって生じるインダクタンスはスパイク電圧が発生する要因

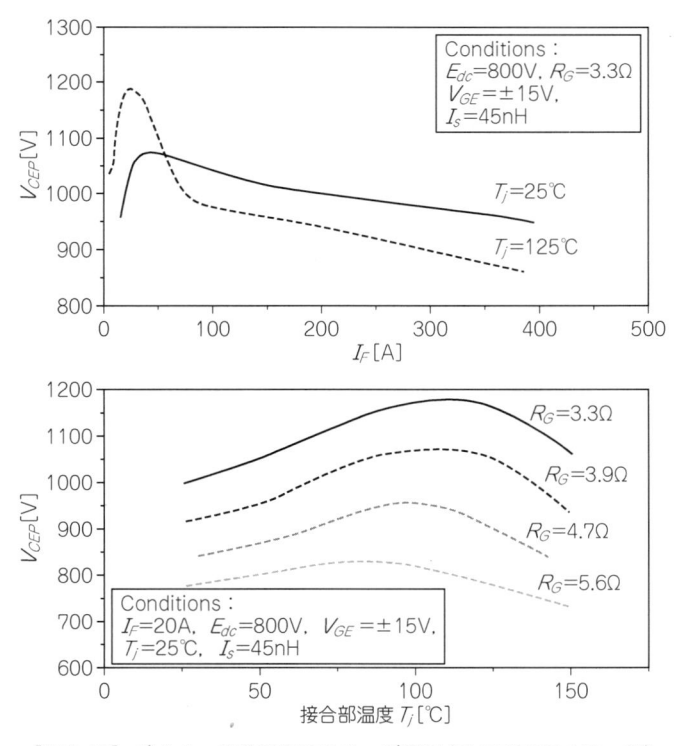

[図3-18] ダイオード逆回復時のサージ電圧（6MBI450U4-120の例）

3.2　過電圧保護 | 089

となるので，回路部品の配置も含めてインダクタンスを低減する工夫が必要になります．

● **サージ電圧の特性**

サージ電圧がどのようなものか，実際に測定した例を**図3-17**にします．ターンオフ時のサージ電圧は，一般にコレクタ電流が大きい方が大きくなります．また，**図3-18**にはFWDの逆回復時のサージ電圧の特性を示します．逆回復時のサージ電圧は，一般にコレクタ電流が定格電流に対して数分の1から数十分の1の低電流領域でサージ電圧が大きくなります．IGBTモジュールを使用する際には，すべての動作条件において，動作軌跡がRBSOA内に収まることを確認してください．

3.3　過熱保護

IGBTモジュールを回路に使用する際，その電力損失により内蔵素子の温度が上昇します．モジュールに内蔵されている素子には許容できる最大接合部温度(T_j)が決められており，この温度以下になるような放熱設計が必要です．放熱設計の詳細は第4章で解説しますが，本節ではIGBTモジュールの過熱保護の対策を紹介します．

● **放熱フィン温度(T_f)検出による保護**

IGBTモジュールは，自身が発生する損失による発熱を放熱する必要があるため，通常は放熱フィンに搭載して使用します．モジュールの内蔵素子が発生する損失がわかれば，熱抵抗を乗算してケース温度(T_c)やフィン温度(T_f)といった各部の温度を求めることができます．

このフィン温度を常時検出し，素子の最大接合部温度を超えないようにT_f検出トリップ・レベルを設定し，IGBT駆動回路を遮断して保護します．保護時には，アラーム信号を出力させる回路を併設すると異常原因を特定しやすくなります．また，適用回路の最大負荷時かつ最高周囲温度の場合に温度上昇は最大となるので，このときの接合部温度が許容最大値を超えないようにT_f検出トリップ・レベルを設定するようにします．

フィン温度の検出にはサーミスタが用いられるのが一般的ですが，フィン温度はモジュール直下のフィン表面上と規定されているので，検出精度を上げるためには検出サーミスタをモジュール直近に配置する必要があります．また，フィンやサーミスタには熱時定数があり，急激な負荷変動に対する温度検出には追随しきれない

ことがありますので注意が必要です．

● モジュール・ケース温度(T_c)検出による保護

　フィン温度の検出による方法と同様に，モジュール・ケース温度(T_c)を常時検出して素子の最大接合部温度を超えないようにT_c検出トリップ・レベルを設定し，IGBT駆動回路を遮断して保護をかける方法があります．モジュール・ケース温度は内蔵チップ直下のベース表面上と規定されているので，検出精度を上げるためには検出サーミスタをチップ直下から遠くないモジュール・ベース面に配置する必要があります．

　上記の実装が困難な場合は，モジュールに内蔵されているサーミスタを用いる方法があります．以下に，その例を紹介します．

　まず，T_c検出トリップ・レベルとしてのサーミスタ温度を何℃にすればよいか決める必要があります．そのためには，直近素子(チップ)の最大発生損失と素子接合部温度を設定します．放熱設計上は素子接合部温度を許容最大値からマージンを取って(たとえば125℃として)考えるのが通常ですが，最大発生損失は回路運転条件によって異なりますので，サーミスタ温度のトリップ・レベル設定もこれに従う必要があります．

　保護トリップ時サーミスタ温度を$T_T(\fallingdotseq T_c)$，素子接合部設定温度を125℃とすると，

$$T_T(\fallingdotseq T_c) = 125 - (最大発生損失 \times R_{th(j\text{-}c)}) \quad [℃] \quad \cdots\cdots(3\text{-}6)$$

と表されます．

　ここで，T_Tに対するサーミスタ抵抗値を，仕様書の特性曲線から読み取ります．実際は，この抵抗値にはバラツキがあるので，より確実な保護設計とするためにはこれを考慮する必要がありますが，バラツキ規格については仕様書または製造元に確認してください．

　読み取ったサーミスタ抵抗値が，たとえば100℃で500Ωだった場合，電圧として検出する回路の設定値を図3-19に示します．ここで注意することは，サーミスタ抵抗値を電圧として検出するためにサーミスタ電流値を大きくしすぎるとサーミスタの自己発熱が大きくなり，また反対にサーミスタ電流が過少であると検出電圧が小さくなり，測定値としての信頼度が下がるため，検出レベルに誤差が出てしまうことです．したがって，適正なサーミスタ電流を設定することが重要です．

　図3-19の例で，内蔵サーミスタの熱放散定数を約7mW/℃とし，サーミスタの自己発熱の許容値を1℃とすると，サーミスタでの許容発生損失は7mWとなり，

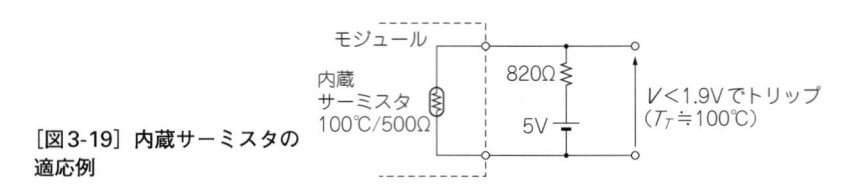

[図3-19] 内蔵サーミスタの適応例

このときのサーミスタ抵抗値 500Ω を検出する電流は，$P=I^2R$ から $3.74mA$ と計算されます．検出系電源電圧が5Vのときには，プルアップ抵抗は $[5-(500\times 0.00374)]/0.00374=837\Omega$ と計算され，標準抵抗として 820Ω を選択すればよいことがわかります．したがって，最終的に100℃時のサーミスタ電流は3.79mAとなり，サーミスタ抵抗値を電圧として検出すると1.90Vとなります．コンパレータなどにより，この電圧を基準としたロジック回路を作れば，内蔵サーミスタによる加熱保護の設定ができます．

また，この内蔵サーミスタにも熱時定数があり，厳密には保護遅れ時間として考慮する必要がありますが，通常はこの熱時定数は約2秒程度であり，放熱フィンを含めた放熱系全体の熱時定数よりは十分短いと考えられ，ケース温度検出の時間遅れとしては大きな問題はないと考えられます．

● モジュール内蔵IGBTチップ温度（T_j）検出による保護

通常，モジュールに内蔵されている素子（チップ）温度（T_j）を直接検出することは困難ですが，第7章で紹介するIPM製品にはこの T_j を検出して過熱破壊する前に自己保護遮断する機能を持っているものがあります．これにより T_c の検出のみならず，T_j の検出による過熱保護も可能になります．

3.4　電流分担の阻害要因

● ON状態での電流不均衡の要因

IGBTがON（導通）の状態で電流が不均衡となる要因としては，$V_{CE(\text{sat})}$ のバラツキと主回路配線抵抗のバラツキの二つが挙げられます．

(1) $V_{CE(\text{sat})}$ のバラツキによる電流不均衡の発生

図3-20に示すように，並列接続するIGBTの出力特性の差によって，電流不均衡が発生します．この図においてQ₁とQ₂の出力特性は，

$$\left. \begin{array}{l} V_{CEQ1}=V_{01}+r_1\times I_{C1},\quad r_1=V_1/(I_{C1}-I_{C2}) \\ V_{CEQ2}=V_{02}+r_2\times I_{C2},\quad r_2=V_2/(I_{C1}-I_{C2}) \end{array} \right\} \quad \cdots\cdots (3\text{-}7)$$

で近似することができます．したがって，Q_1 と Q_2 を並列接続した回路に $I_{C\text{total}}(=I_{C1}+I_{C2})$ のコレクタ電流を流した場合の IGBT コレクタ電流は，

$$\left.\begin{array}{l}I_{C1}=(V_{02}-V_{01}+r_2\times I_{C\text{total}})/(r_1+r_2)\\I_{C2}=(V_{01}-V_{02}+r_1\times I_{C\text{total}})/(r_1+r_2)\end{array}\right\} \cdots\cdots\cdots(3\text{-}8)$$

となり，$V_{CE(\text{sat})}$ が電流不均衡を発生させる大きな要因になることがわかります．良好な電流分担を得るためには，$V_{CE(\text{sat})}$ のバラツキの少ない素子を組み合わせる必要があります．

ここで，

$$r_1=\frac{V_1-V_{01}}{I_{C1}},\quad r_2=\frac{V_2-V_{02}}{I_{C2}} \cdots\cdots\cdots(3\text{-}9)$$

となります．

(2) 主回路配線における抵抗分のバラツキ

図3-21に，主回路配線の抵抗分が電流分担に及ぼす影響を示します．図では，コレクタ側の抵抗分に比較してエミッタ側の抵抗分のほうが大きいとし，コレクタ側の抵抗分は省略して考えます．主回路配線に抵抗分がある場合，IGBTの出力特性の傾きが等価的に緩やかになるため，同じ V_{CE} でのコレクタ電流は減少します．また，補助エミッタ電極を使用しない場合，この抵抗分にコレクタ電流が流れることによる電位差によって実際のゲート-エミッタ間電圧が小さく（$V_{GE1}=V-V_{E1}$, $V_{GE2}=V-V_{E2}$）なります．したがって，IGBTの出力特性が変化することになり，やはり同じ V_{CE} でのコレクタ電流は減少します．もし，$R_{E1}>R_{E2}$ とすれば，Q_1 の出力特性の傾きが緩やかになるため，$I_{C1}<I_{C2}$ となり電流分担に不平衡が生じます．

この不平衡を低減するためには，エミッタ側の配線を極力短くして均等にする必要があります．

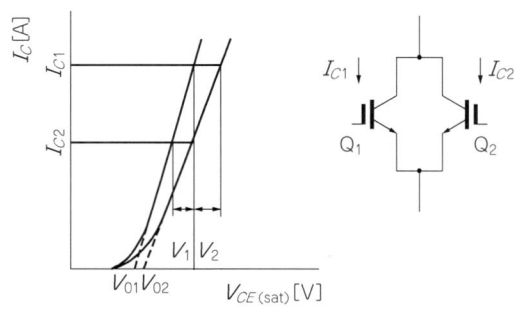

［図3-20］$V_{CE(\text{sat})}$ の組み合わせ

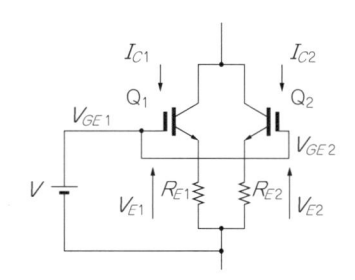

［図3-21］主回路配線抵抗分の影響

3.4 電流分担の阻害要因 | 093

● ターンオン/ターンオフ時の電流不均衡の要因

　ターンオン/ターンオフ(スイッチング)時に電流が不均衡となる要因としては，素子特性のバラツキと主回路配線インダクタンスのバラツキの二つが挙げられます．

(1) 素子特性のバラツキ

　IGBTのスイッチング時の電流不均衡は，ON(導通)状態の電流不均衡でほぼ決まるので，ON状態の電流不均衡を抑えればスイッチング時の電流不均衡も同時に抑えられます．

(2) 主回路配線インダクタンスのバラツキ

　電流分担に与える影響は，前述の抵抗分の場合と同様に，図3-21の抵抗をインダクタンスに置き換えて考えることができます．IGBTのスイッチング時にはコレクタ電流が急激に変化するため，インダクタンスの両端に電圧が発生します．この電圧の極性はスイッチング動作を妨げる方向なので，スイッチング時間を増加させてしまいます．したがって，インダクタンスが揃っていない場合にはスイッチング時間がずれることになり，どちらかの素子に電流が集中します．この不平衡を低減するためにはエミッタ側の配線を極力短くし，それぞれを均等にするようにします．

3.5　並列接続方法

● 配線方法

　並列接続の理想的な配線は，「均一かつ最短」ということになりますが，装置を量産するという観点からはこれを完璧に満足させることは困難です．そこで，可能な限り理想に近づける工夫が必要となります．そのための基本的な注意事項を以下に示します．また，具体的な配線として，1個組モジュールの例を図3-22に示します．

(1) ドライブ回路配線

　IGBTモジュールを並列に接続した場合，ゲート回路配線インダクタンスとIGBTの入力容量により，ゲート電圧の立ち上がり時に寄生振動を起こす場合があります．この振動を防止するには，IGBTの各ゲートに直列にゲート抵抗を接続します．

　また，前節で述べたように，ドライブ回路のエミッタ配線が主回路の異なった位置に接続された場合には，並列接続された素子の過渡的な電流分担(特にターンオン時)が不均衡になります．しかしながら，通常はIGBTモジュールにはドライブ回路用に補助エミッタ端子が設けられており，この端子を使用すれば各素子のドラ

イブ配線は均等配線となり，ドライブ回路の配線方法に起因する過渡的な電流不均衡は抑制されます．

また，モジュール間の並列配線は極力最短とし，ゲート駆動回路への配線は並列配線の中央部より取り出し，密に捻り合わせ，主回路配線からはできるだけ遠ざけ，相互誘導を受けないように配置します．

(2) 主回路配線

前節で述べたように，主回路配線の抵抗分やインダクタンス分が不均等の場合，並列接続された素子の電流分担が不均衡になります．また，主回路配線のインダクタンス分が大きいとIGBTターンオフ時のサージ電圧が大きくなります．したがって，配線インダクタンスの低減と各IGBTモジュールの温度バランスを目的として，並列接続するIGBTモジュールは可能な限り密着させて配置し，配線は可能な限り均等化します．

また，コレクタおよびエミッタの取り出し線は，並列配線の中央部から取り出し，相互誘導を受けないようにコレクタおよびエミッタ並列配線と平行に配線しないようにします．

● 素子特性と電流分担の関係

前節で述べたように，素子自身の特性が電流分担に影響を与えるものとしては

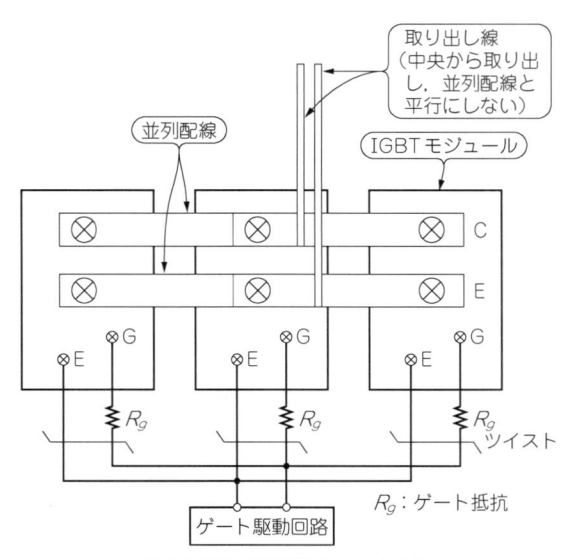

[図3-22] 並列接続の工夫の例

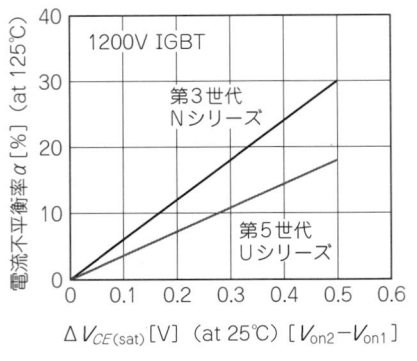

[図3-23] $V_{CE(\mathrm{sat})}$のバラツキと電流分担

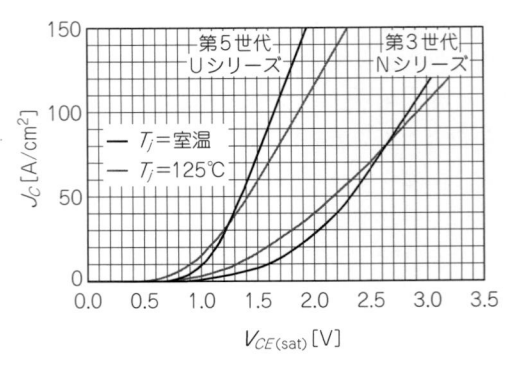

[図3-24] 出力特性の比較

$V_{CE(\mathrm{sat})}$のバラツキがありますが，この電流不平衡を考慮し，並列接続時の通電能力総和にはディレーティングが必要です．

　n個の素子を並列接続する場合，流し得る最大電流は，1素子に電流が集中した場合を最悪条件と考えれば，

$$\sum I = I_{C(\max)} \left[1 + (n-1) \frac{\left(1 - \frac{\alpha}{100}\right)}{\left(1 + \frac{\alpha}{100}\right)} \right]$$

$$\alpha = \left[\frac{I_{C1}}{I_{C(\mathrm{ave})}} \right] \times 100 \qquad \alpha：電流不平衡率$$

と表されます．ここで，$I_{C(\max)}$は素子定格，RBSOA（逆バイアス安全動作領域）あるいは発生損失で許容される1素子当たりの最大電流を表しており，特に発生損失は使用条件（スイッチング周波数，ドライブ条件，放熱条件，スナバ条件など）により異なるので注意が必要です．

　たとえば，$\alpha = 16\%$，$I_{C(\max)} = 200\mathrm{A}$，$n = 4$の場合，$\sum I = 634.4$と計算され，並列接続した全電流がこの$\sum I$を超えないように設計します．$n = 4$であっても，単純に$\sum I = 200 \times 4 = 800\mathrm{A}$とならないので注意が必要です．

　図3-23に，$V_{CE(\mathrm{sat})}$のバラツキと電流分担の不均衡の関係例を示します．電流不平衡率は，素子出力特性の温度依存性に密接な関係があります．図3-24に示すように，出力特性の温度係数が正の特性の場合，温度が上昇すると同じV_{CE}ではコレクタ電流が減少するので，並列接続時の電流アンバランスが自動的に改善され，電流不平衡率αは小さくなります．

第4章 放熱設計方法

IGBTを安全に動作させるためには，接合部温度T_jが$T_{j(\max)}$を超えないような放熱設計が必要になります．変換装置の定格出力(連続)時はもちろん，短時間過負荷出力などの異常時においても$T_{j(\max)}$を超えないような配慮が必要です．

4.1 発生損失の求め方

IGBTモジュールはIGBT部とFWD部で構成されており，それぞれの発生損失の合計がIGBTモジュール全体の発生損失となります．また，損失が発生する場合は定常時とスイッチング時があり，以上のことを整理すると次のようになります．

図4-1に示すように，IGBT部もFWD部も定常損失は出力特性から，またスイッチング損失はスイッチング損失-コレクタ電流特性から計算することができ，これらの発生損失から放熱設計を行い，接合部温度T_jが設計値を超えないようにします．

したがって，ここで使用されるON電圧やスイッチング損失の値には，通常接合部温度T_jが設計値(通常は$T_j=125℃$)のときのデータが使われます．これらの特性データは，仕様書に記載されています．

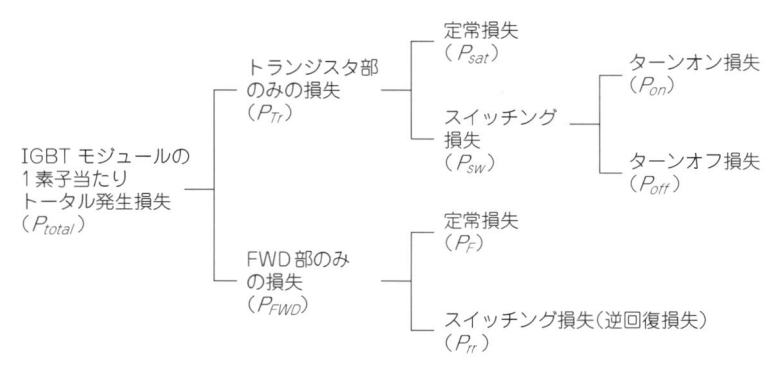

[図4-1] IGBTモジュールの損失要因

- IGBTモジュールの1素子当たりトータル発生損失 (P_{total})
  - トランジスタ部のみの損失 (P_{Tr})
    - 定常損失 (P_{sat})
    - スイッチング損失 (P_{sw})
      - ターンオン損失 (P_{on})
      - ターンオフ損失 (P_{off})
  - FWD部のみの損失 (P_{FWD})
    - 定常損失 (P_F)
    - スイッチング損失(逆回復損失) (P_{rr})

4.2　DCチョッパで発生する損失の計算方法

まず，基本的なDCチョッパで発生する損失の計算方法を紹介します．この場合，IGBTまたはFWDに流れる電流を矩形波の連続と考えれば，簡単に近似計算をすることができます．図4-2は，近似したDCチョッパ波形を示したものであり，コレクタ電流がI_Cのときの飽和電圧，スイッチング損失をそれぞれ$V_{CE(sat)}$，E_{on}，E_{off}とし，FWD順電流がI_FのときのON電圧，逆回復損失をそれぞれV_F，E_{rr}とおけば，発生損失は次のように計算されます．

$$\text{IGBT発生損失(W)} = 定常損失 + ターンオン損失 + ターンオフ損失$$
$$= [t_1/t_2 \times V_{CE(sat)} \times I_C] + [f_c \times (E_{on} + E_{off})]$$
$$\text{FWD発生損失(W)} = 定常損失 + 逆回復損失$$
$$= [(1-(t_1/t_2)) \times I_F \times V_F] + [f_c \times E_{rr}]$$

実際には，直流電源電圧やゲート抵抗値などが仕様書に記載されているものと異なるときがあり，このような場合には以下のような規則にしたがって簡略計算することができます．

①直流電源電圧 $E_d(V_{CC})$ が異なる場合
　　ON電圧　　　　　：$E_d(V_{CC})$に依存しない
　　スイッチング損失：$E_d(V_{CC})$に比例する
②ゲート抵抗値が異なる場合
　　ON電圧　　　　　：ゲート抵抗値に依存しない
　　スイッチング損失：スイッチング時間に比例し，ゲート抵抗値に依存する

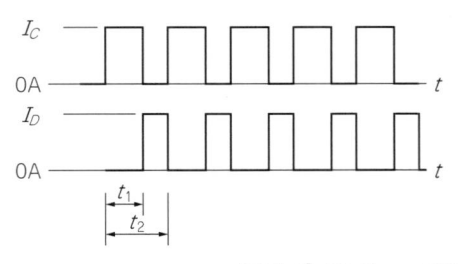

キャリア周波数：$f_c = 1/t_2$
IGBTオン：duty $= t_1/t_2$
FWDオン：duty $= 1 - t_1/t_2$

[図4-2]　DCチョッパ波形

VVVFインバータ(Variable Voltage Variable Frequency Inverter；可変電圧可変周波数制御インバータ)などでPWM制御を行う場合は，**図4-3**に示すように常に電流値や動作パターンが変化するため，その発生損失を詳細に計算するにはコンピュータ・シミュレーションなどを用いる必要があります．
　そこで，まず近似式を用いて簡略的に損失を計算する方法について説明します．その後，富士電機㈱が提供している損失シミュレーション・ソフトを用いて計算する方法を紹介します．損失シミュレーション・ソフトは，富士電機㈱以外にも各IGBTメーカが提供しています．

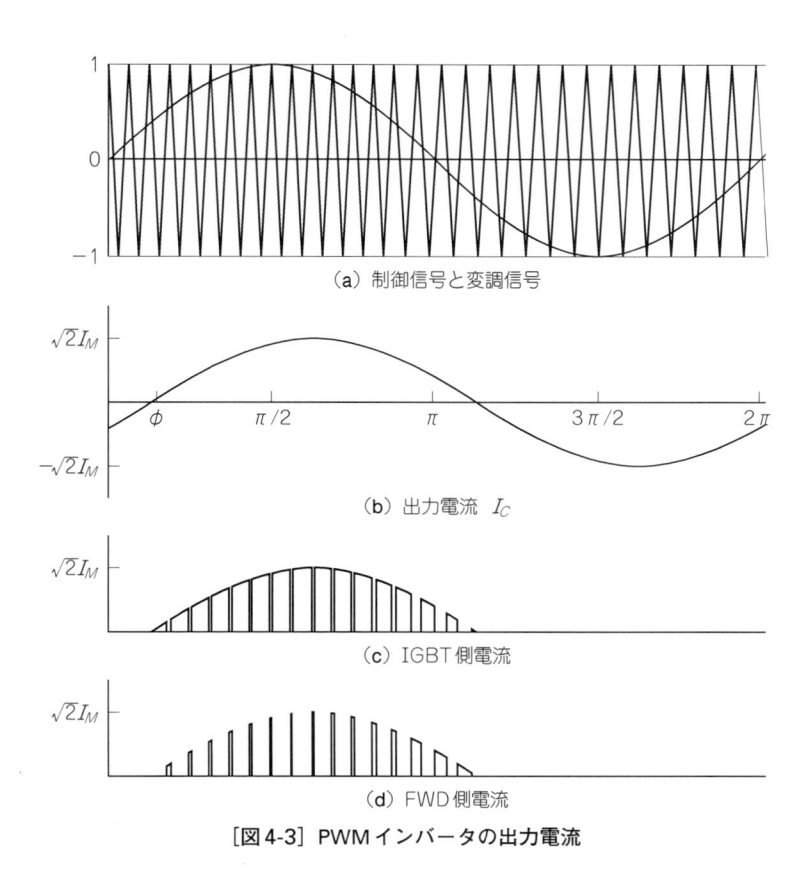

(a) 制御信号と変調信号

(b) 出力電流 I_C

(c) IGBT側電流

(d) FWD側電流

[図4-3] PWMインバータの出力電流

4.3 近似式を用いたPWMインバータの発生損失

(1) 前提条件

損失を計算するにあたって,以下のような前提条件を考慮します.
- 正弦波電流出力の3相PWMインバータとする
- 正弦波,三角波比較によるPWM制御とする
- 出力電流は理想的な正弦波とする

(2) 定常損失(P_{sat}, P_F)の求め方

IGBTおよびFWDの出力特性は,図4-4に示すように仕様書のデータから近似値を得ることができます.

したがって定常損失は,

$$\text{IGBT側の定常損失}(P_{sat}) = D_T \int_0^\infty I_C V_{CE(sat)} \, d\theta$$

$$= \frac{1}{2} D_T \left[\frac{2\sqrt{2}}{\pi} I_M V_O + I_M^2 R \right]$$

$$\text{FWD側の定常損失}(P_F) = \frac{1}{2} D_F \left[\frac{2\sqrt{2}}{\pi} I_M V_O + I_M^2 R \right]$$

ただし,D_T, D_F:出力電流半波におけるIGBTおよびFWDの平均導通率

ここで,出力電流半波におけるIGBTおよびFWDの平均導通率は,図4-5に示すような特性になります.

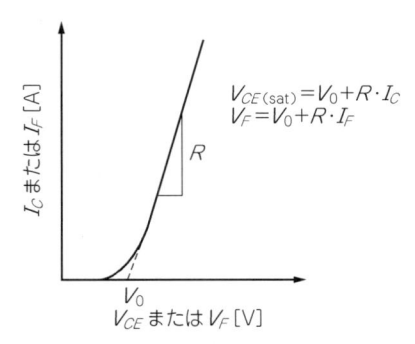

[図4-4] IGBTとFWDの出力特性近似

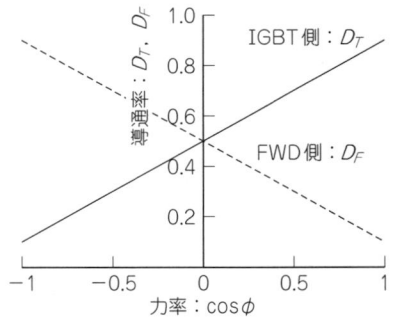

[図4-5] 正弦波PWMインバータにおける力率と導通率の関係

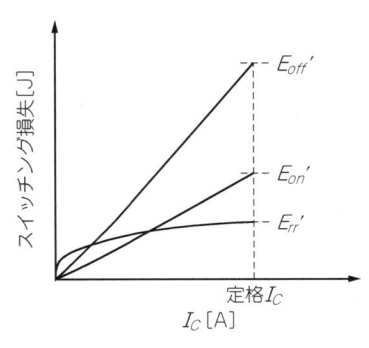

(3) スイッチング損失

スイッチング損失-I_C特性は**図4-6**のようになりますが，一般的に次に示す式で近似されます．

$E_{on} = E_{on}'(I_C/定格I_C)^a$
$E_{off} = E_{off}'(I_C/定格I_C)^b$
$E_{rr} = E_{rr}'(I_C/定格I_C)^c$

a，b，c：乗数

E_{on}'，E_{off}'，E_{rr}'：定格I_C時のE_{on}，E_{off}，E_{rr}の値

したがって，スイッチング損失は以下のように表せます．

① ターンオン損失（P_{on}）

$$P_{on} = f_o \sum_{k=1}^{n} (E_{on})k \quad \left(n：半周期間のスイッチング回数 = \frac{f_c}{2f_o} \right)$$

$$= f_o E_{on}' \frac{1}{定格 I_C{}^a} \sum_{k=1}^{n} (I_C{}^a) k$$

$$= f_o E_{on}' \frac{1}{定格 I_C{}^a \times \pi} \int_0^\pi \sqrt{2} \, I_M{}^a \, \sin\theta \, d\theta$$

$$\fallingdotseq f_o E_{on}' \frac{1}{定格 I_C{}^a} n I_M{}^a$$

$$= \frac{1}{2} f_c E_{on}' \left[\frac{I_M}{定格 I_C} \right]^a$$

$$= \frac{1}{2} f_c E_{on}(I_M)$$

$E_{on}(I_M)$：$I_C = I_M$時のE_{on}

[図4-6] スイッチング損失近似

② ターンオフ損失 (P_{off})

$$P_{off} \fallingdotseq \frac{1}{2} f_c E_{off}(I_M)$$

$E_{off}(I_M)：I_C = I_M$ 時の E_{off}

③ FWD 逆回復損失 (P_{rr})

$$P_{rr} \fallingdotseq \frac{1}{2} f_c E_{rr}(I_M)$$

$E_{rr}(I_M)：I_C = I_M$ 時の E_{rr}

(4) 全発生損失（トータル発生損失）

上記の結果，IGBT 部，FWD 部のトータルの発生損失は，以下のようになります。

IGBT 部の発生損失 $P_{Tr} = P_{sat} + P_{on} + P_{off}$
FWD 部の発生損失 $P_{FWD} = P_F + P_{rr}$

実際には，直流電源電圧やゲート抵抗値などが仕様書に記載されているものと異なることがありますが，4.2 節の場合と同様に考えて次のように簡略計算をすることができます。

① 直流電源電圧 $E_d(V_{CC})$ が異なる場合
　　ON 電圧　　　　　：$E_d(V_{CC})$ に依存しない
　　スイッチング損失：$E_d(V_{CC})$ に比例する

② ゲート抵抗値が異なる場合
　　ON 電圧　　　　　：ゲート抵抗値に依存しない
　　スイッチング損失：スイッチング時間に比例する

4.4　損失シミュレーション・ソフトを用いた計算

● IGBT 損失シミュレーション・ソフトについて

　各 IGBT メーカが損失シミュレーション・ソフトを公開していますが，ここでは富士電機㈱が提供している損失シミュレーション・ソフトを取り上げます[注1]。この損失シミュレーション・ソフトも，4.3 節と同様な前提条件で正弦波，三角波比較による PWM 制御の正弦波出力電流として計算されています。

注1：富士電機㈱の IGBT 損失シミュレーション・ソフトは，下記の Web サイトから入手できる（2011 年 3 月現在）。
　　http://www.fujielectric.co.jp/products/semiconductor/technical/design/dg_igbt_sim4.html

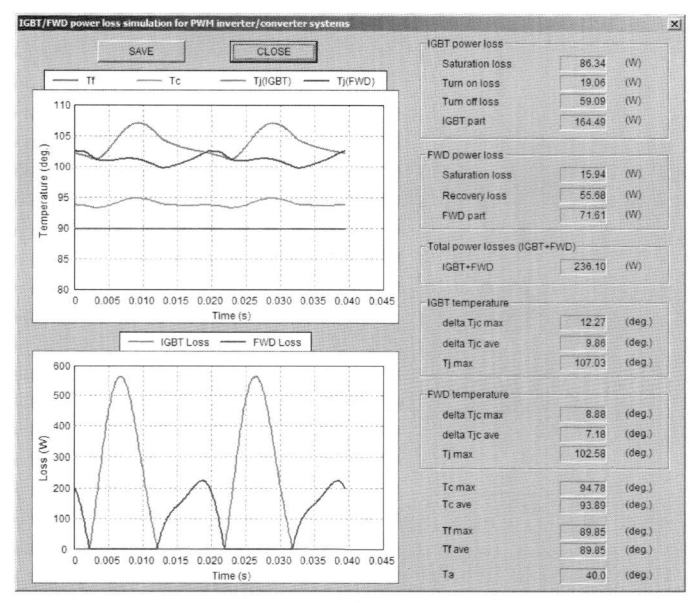

(a) T_j, T_c, T_f 波形の表示

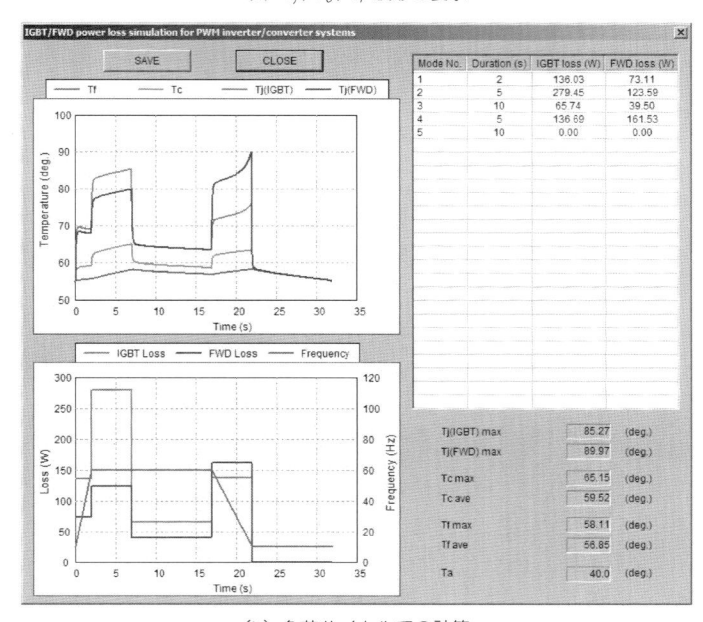

(b) 負荷サイクルでの計算

[図4-7] IGBT損失シミュレーション・ソフト(富士電機製)の特徴

4.4 損失シミュレーション・ソフトを用いた計算 | 103

```
Part_loss_calc()
```

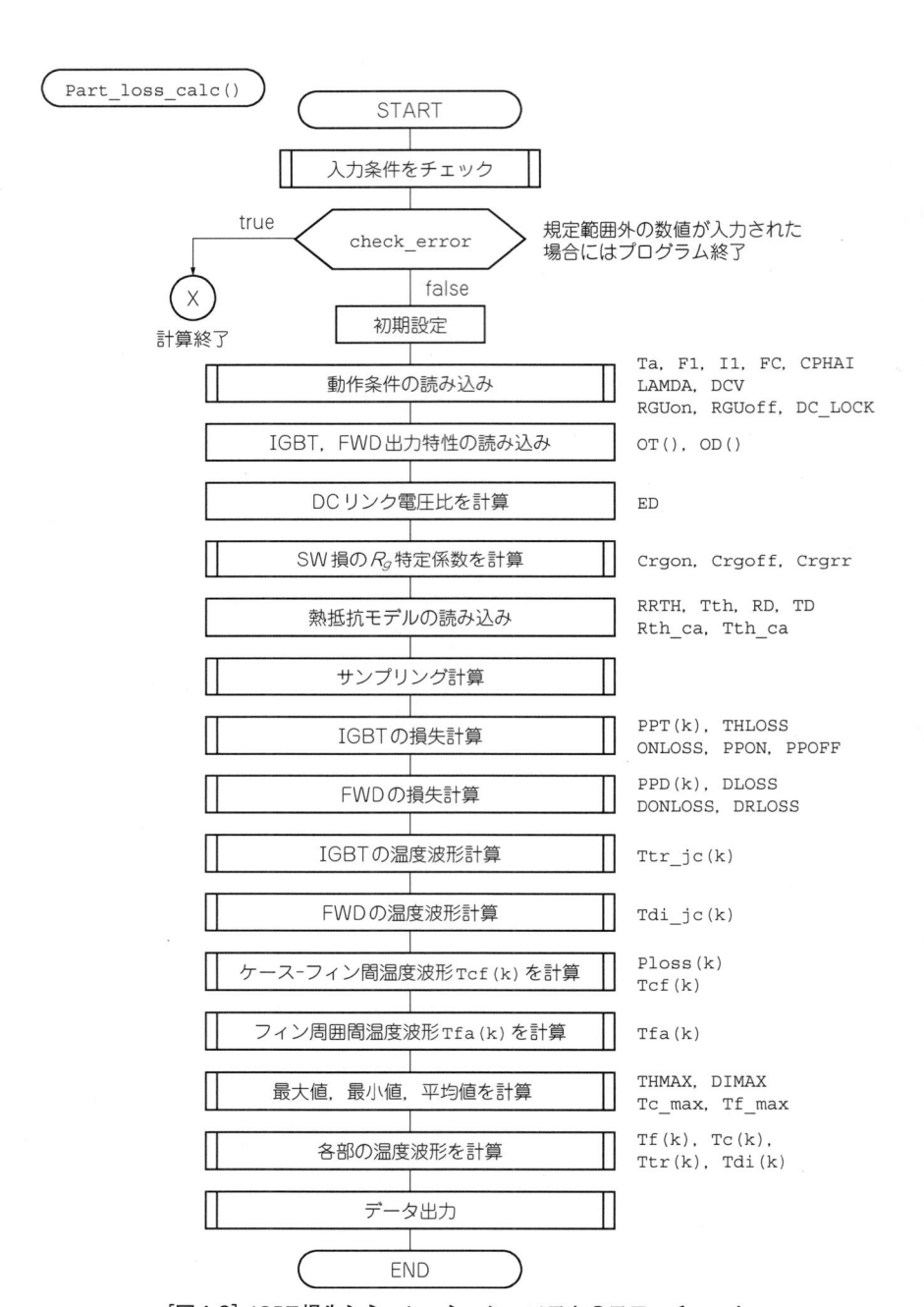

START
↓
入力条件をチェック
↓
check_error — 規定範囲外の数値が入力された場合にはプログラム終了
- true → X 計算終了
- false ↓

初期設定
↓
動作条件の読み込み — Ta, F1, I1, FC, CPHAI, LAMDA, DCV, RGUon, RGUoff, DC_LOCK
↓
IGBT, FWD出力特性の読み込み — OT(), OD()
↓
DCリンク電圧比を計算 — ED
↓
SW損の R_g 特定係数を計算 — Crgon, Crgoff, Crgrr
↓
熱抵抗モデルの読み込み — RRTH, Tth, RD, TD, Rth_ca, Tth_ca
↓
サンプリング計算
↓
IGBTの損失計算 — PPT(k), THLOSS, ONLOSS, PPON, PPOFF
↓
FWDの損失計算 — PPD(k), DLOSS, DONLOSS, DRLOSS
↓
IGBTの温度波形計算 — Ttr_jc(k)
↓
FWDの温度波形計算 — Tdi_jc(k)
↓
ケース-フィン間温度波形Tcf(k)を計算 — Ploss(k), Tcf(k)
↓
フィン周囲間温度波形Tfa(k)を計算 — Tfa(k)
↓
最大値, 最小値, 平均値を計算 — THMAX, DIMAX, Tc_max, Tf_max
↓
各部の温度波形を計算 — Tf(k), Tc(k), Ttr(k), Tdi(k)
↓
データ出力
↓
END

[図4-8] IGBT損失シミュレーション・ソフトのフローチャート

この損失シミュレーション・ソフトの特徴を図4-7に示します．
① チップ直下のケース温度(T_c)，フィン温度(T_f)の計算ができる
② 動作条件が時間で変化するような，負荷サイクルでの損失・温度計算ができる
③ ゲート抵抗のON/OFFを個別に設定可能
④ モータ・ロック時の損失計算ができる
⑤ 計算結果のグラフ表示機能がある

図4-8に，この損失シミュレーション・ソフトを用いてスイッチング損失，温度リプルを計算するフローチャートを示します．

● 負荷モードが連続時の計算

この損失シミュレーション・ソフトは，インバータ出力周期をキャリア周波数の整数倍のサンプリング点に分割し，各サンプリング点でのIGBT損失，FWD損失の1周期での波形を算出します．各サンプリング点でのIGBTの導通損失とスイッチング損失の和($P_{sat}+P_{on}+P_{off}$)を求め，図4-9に示すように損失波形$P_{IGBT}(t)$とします．FWDでの発生損失波形P_{di}も同様にして，導通損失とスイッチング損失の和(P_f+P_{rr})より算出します．

その後，算出した損失に過渡熱抵抗値を掛けることで，温度のリプル波形を算出します．図4-10に，3相インバータの1次元熱モデルを示します．一つのヒート・シンク上に六つのIGBTデバイスが搭載されているとして，ヒート・シンク温度を計算しています．また，熱抵抗モデルは，ケース温度T_cを各素子ごとに定義し，ヒート・シンク温度T_fは代表点を一つだけ定義した構成としています．ジャンクション−ケース間の熱抵抗を$R_{th(j-c)}$，ケース−ヒート・シンク間熱抵抗を$R_{th(c-f)}$，ヒート・シンク周囲間熱抵抗を$R_{th(f-a)}$としています．

T_fはチップ直下のヒート・シンク表面温度を想定していますが，熱抵抗モデル

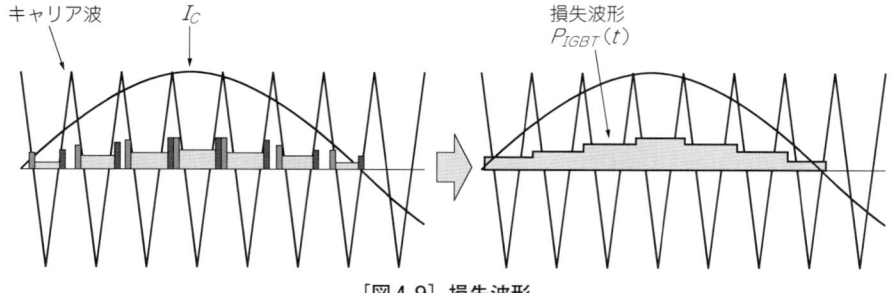

[図4-9] 損失波形

が1次元であるために，ヒート・シンク内部の温度分布に偏りがある場合にはT_fの計算値と実測値に大きな誤差が生じることになります．また，このモデルでは素子相互間の熱干渉も考慮されていません．

温度リプルを計算するために，それぞれの熱抵抗を図4-11に示すように，RとCの並列回路を四つ並列に接続した4次のFoster Network回路で表します．IGBTのジャンクション-ケース間上昇温度$T_{(j-c)}$は，損失波形$P_{IGBT}(t)$をフーリエ変換して求めたフーリエ係数と過渡熱抵抗値の積を求め，それらをフーリエ逆変換することによって求めます．FWDの温度上昇計算も同様に求めます．

ケース-フィン間の上昇温度$T_{(c-f)}(t)$は，IGBT損失$P_{IGBT}(t)$とFWD損失$P_{FWD}(t)$の和$P_{loss}(t)$より算出します．はじめに$P_{loss}(t)$をフーリエ変換し，フーリエ係数を求めます．求めたフーリエ係数とケース-フィン間過渡熱抵抗$R_{th(c-f)}$の積から，温度上昇波形のフーリエ係数を求めます．この係数をフーリエ逆変換することで，$T_{(c-f)}(t)$波形を算出します．

フィンでの上昇温度$T_{(f-a)}(t)$は，フィンに流れ込む総熱量$P_{loss\_f}(t)$より計算します．対象とする回路は，3相インバータ・6素子であるので$P_{loss\_f}(t) = 6P_{loss}(t)$

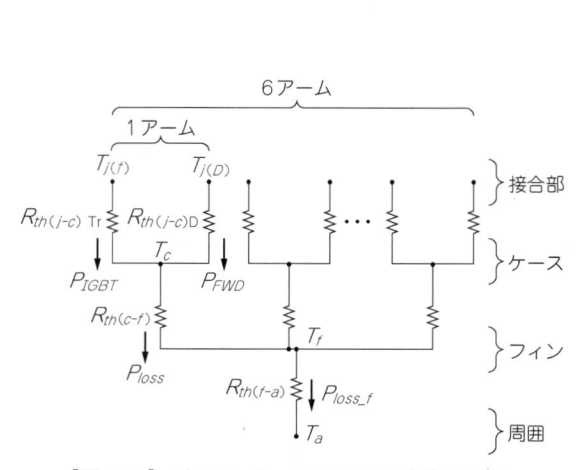

[図4-10] 3相インバータの1次元熱抵抗モデル

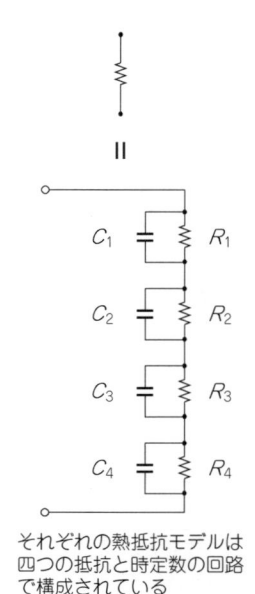

[図4-11] 熱抵抗モデル
（4次のFoster Network回路）

それぞれの熱抵抗モデルは四つの抵抗と時定数の回路で構成されている

となります．上昇温度 $T_{(f-a)}(t)$ は，同様に $P_{loss}(t)$ のフーリエ係数とフィンの過渡熱抵抗 $R_{th(f-a)}$ の積から，温度上昇波形のフーリエ係数を求め，この係数をフーリエ逆変換することで，$T_{(f-a)}(t)$ 波形を算出します．

以上の結果から，フィン温度 (T_f)，ケース温度 (T_c)，ジャンクション温度 (T_j) の各波形は，図4-12に示すように算出されます．

● 負荷モードが変化する場合の計算

負荷サイクル計算とは，インバータの出力動作条件(出力周波数，出力電流，力率など)が時間によって変化する場合の損失・温度を計算することです．

図4-13に，負荷サイクル・モードでの計算フローチャートを示します．

各modeの発生損失を，連続モードにおける図4-8に示す計算プログラムを利用して，各modeでのIGBTとFWDの合計損失(1素子分) P_{loss} を算出します．各mode内では，動作条件が一定であり，発生損失は出力周波数には依存しないので P_{loss} は一定になります．連続モードの計算プログラムで算出した損失波形はリプル分を含んでいますが，mode内での損失は出力周期で平均化した図4-14の(1)の波

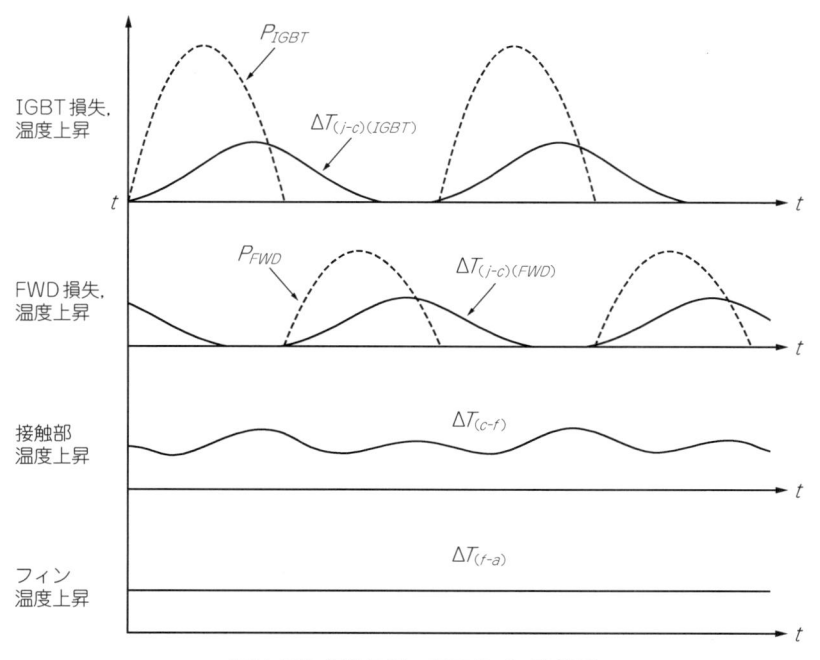

[図4-12] 損失波形，温度リプル計算例

```
                    START
                      │
              ┌───────▼────────┐
              │ 負荷サイクル・モード数 │
              └───────┬────────┘
              ┌───────▼────────┐
              │  入力条件をチェック  │
              └───────┬────────┘
                      │
       true    ◇ check_error ◇      規定範囲外の数値が入力された
         ◄─────                     場合にはプログラム終了
         │           │ false
       ( X )         ▼
       計算終了   ┌────────┐      GS, Ta, temp_out
                │ 初期設定 │
                └────┬───┘
```

負荷サイクル周期,周波数を計算　　　　mode_max, Fload, Tload

ケース-周囲間熱抵抗モデルRth_caを読み込み　　Rth_ca(m), Tth_ca(m)

mode=1, mode_max　　各モードでの損失とTjcを計算する

各モードの終了時の時刻,サンプリング点を計算　　t_end(mode)
　　　　　　　　　　　　　　　　　　　　　　　k_end(mode)

各モードの開始周波数,終了周波数を計算　　f_start(mode)
　　　　　　　　　　　　　　　　　　　　f_end(mode)

各モード開始周波数での損失,　　　　　　tr_loss(mode)
最大ジャンクション温度上昇を計算　　　　di_loss(mode)
part_loss_calc　　　　　　　　　　　　dTtr_start(mode)
　　　　　　　　　　　　　　　　　　　dTdi_start(mode)

各モードでの時刻波形,損失波形,周波数波形を計算　　T(k), Tmode(k)
　　　　　　　　　　　　　　　　　　　　　　　　IGBT_loss(k), FWD_loss(k)
　　　　　　　　　　　　　　　　　　　　　　　　Ploss(k), freq(k)

ジャンクション温度上昇-周波数特性の関数を算出

mode++

ケース-フィン間温度上昇Tcf波形を計算　　Tcf(k)
フィン-周囲間温度上昇Tfa波形を計算　　　Tfa(k)

各部の温度波形を計算　　Tc(k), Tf(k)
　　　　　　　　　　　Ttr_max(k), Tdi_max(k)

過渡応答補正　　Ctr, Cdi

最大値,最小値,平均値を計算　　THMAX, DIMAX
　　　　　　　　　　　　　　Tc_max, Tf_max

データ出力

END

[図4-13] 負荷サイクル・モードの計算フローチャート

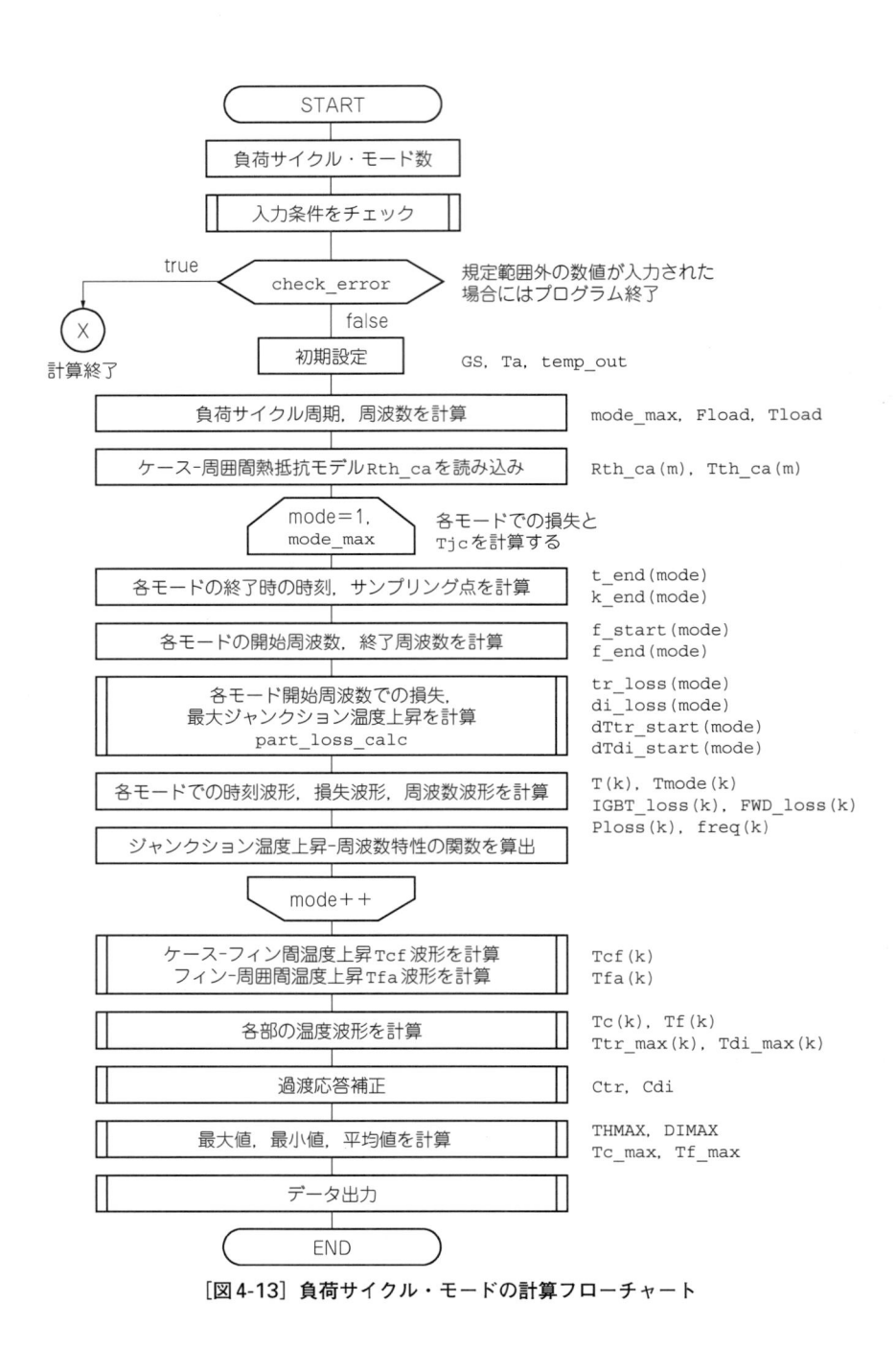

形の値とします．$T_{(j-c)}$波形は，出力周波数のリプル成分を含んだ波形ですが，その波形を算出するには計算量・時間が大幅に増加するので，負荷サイクル・モードの計算では$T_{(j-c)}$の最大値を算出します．

各modeでのジャンクション-ケース間温度上昇リプルの最大値$T_{(j-c)(max)}$の値を，先に述べた温度リプル計算プログラムを用いて算出します．ただし，この値は各modeの動作条件における定常状態での値なので，後で述べる出力周波数補正，過渡応答補正を加えます．この計算により，図4-14に示すように各モードにおける最大$T_{(j-c)(max)}$が得られます．

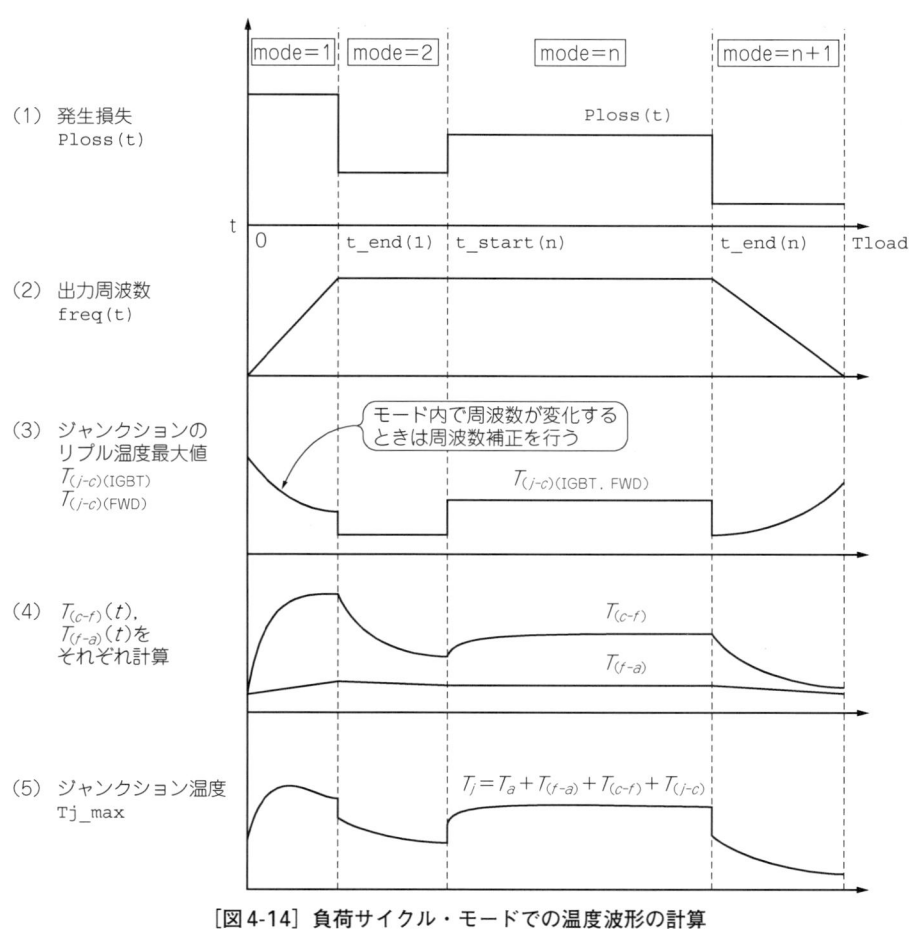

[図4-14] 負荷サイクル・モードでの温度波形の計算

(1) 発生損失 Ploss(t)
(2) 出力周波数 freq(t)
(3) ジャンクションのリプル温度最大値 $T_{(j-c)}$(IGBT) $T_{(j-c)}$(FWD)
モード内で周波数が変化するときは周波数補正を行う
$T_{(j-c)}$(IGBT，FWD)
(4) $T_{(c-f)}(t)$, $T_{(f-a)}(t)$をそれぞれ計算
$T_{(c-f)}$
$T_{(f-a)}$
(5) ジャンクション温度 Tj_max
$T_j = T_a + T_{(f-a)} + T_{(c-f)} + T_{(j-c)}$

mode=1, mode=2, mode=n, mode=n+1
t_end(1), t_start(n), t_end(n), Tload

4.4 損失シミュレーション・ソフトを用いた計算

4.5 ヒート・シンク(冷却体)の選定方法

電力用ダイオード，IGBT，トランジスタなどのパワー・モジュールは，電極部と取り付けベースが絶縁されているものが多く，一つのヒート・シンク上に複数個の素子を取り付けて用いることができるため，実装が容易でコンパクトな配線が可能になります．

これらの素子を安全に動作させるためには，動作時に各素子が発生する損失(熱)を効率よく逃がしてやる必要があり，ヒート・シンクの選定は重要な鍵となります．以下に，ヒート・シンクの選定における基本的な考え方を示します．

● **定常状態の熱方程式**

半導体の熱伝導は，電気回路に置き換えて解くことができます．ここで，IGBTモジュールのみをヒート・シンクに取り付けた場合を考えてみます．この場合，熱的には図4-15のような等価回路に置き換えられます．この等価回路より，接合部温度(T_j)は次の熱方程式で求められます．

$$T_j = W \times \{R_{th(j-c)} + R_{th(c-f)} + R_{th(f-a)}\} + T_a$$

ただし，ここでいうケース温度T_cおよびヒート・シンク温度T_fとは，図4-16に示す位置の温度を表しています．図4-16に示したように，これ以外の点の温度は実際には低く測定され，かつヒート・シンクの放熱性能に依存しますので設計時に注意が必要です．

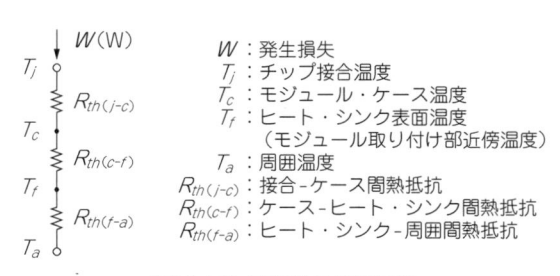

W：発生損失
T_j：チップ接合温度
T_c：モジュール・ケース温度
T_f：ヒート・シンク表面温度
　　（モジュール取り付け部近傍温度）
T_a：周囲温度
$R_{th(j-c)}$：接合-ケース間熱抵抗
$R_{th(c-f)}$：ケース-ヒート・シンク間熱抵抗
$R_{th(f-a)}$：ヒート・シンク-周囲間熱抵抗

[図4-15] 熱抵抗の等価回路

次に，IGBT（2素子モジュール）とダイオード・ブリッジ・モジュールをそれぞれ1個ずつヒート・シンク上に取り付ける場合の等価回路の例を図4-17に示します．この場合の熱方程式は，

$$T_j(d) = W_d \times \left[R_{th(j\text{-}c)d} + R_{th(c\text{-}f)d} \right] + \left[(W_d + 2W_T + 2W_D) \times R_{th(f\text{-}a)} \right] + T_a$$

$$T_j(T) = W_T \times R_{th(j\text{-}c)T} + \left[(W_T + W_D) \times R_{th(c\text{-}f)T} \right] \\ + \left[(W_d + 2W_T + 2W_D) \times R_{th(f\text{-}a)} \right] + T_a$$

$$T_j(D) = W_D \times R_{th(j\text{-}c)D} + \left[(W_T + W_D) \times R_{th(c\text{-}f)T} \right] \\ + \left[(W_d + 2W_T + 2W_D) \times R_{th(f\text{-}a)} \right] + T_a$$

となります．これらの式よりT_jが$T_{j(\max)}$を超えないことを確認してヒート・シンクを選定してください．

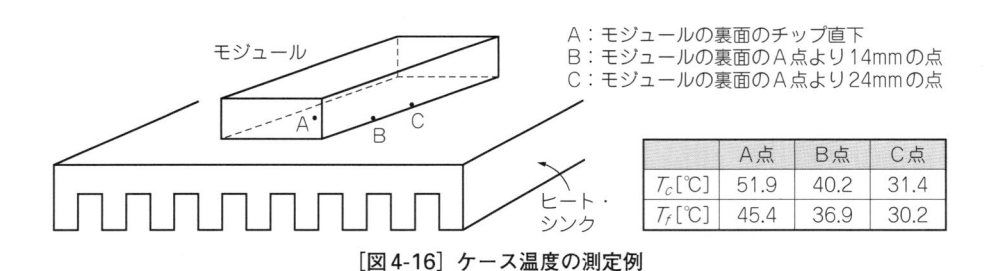

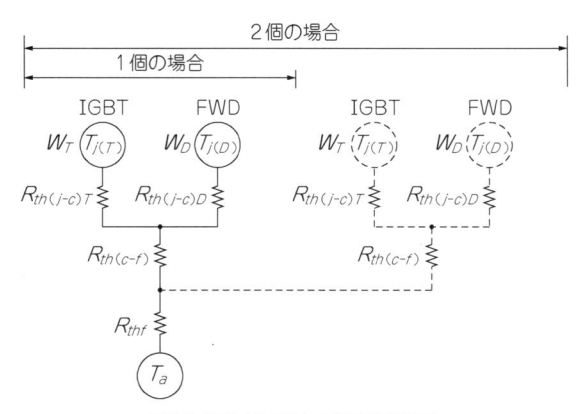

A：モジュールの裏面のチップ直下
B：モジュールの裏面のA点より14mmの点
C：モジュールの裏面のA点より24mmの点

	A点	B点	C点
T_c [℃]	51.9	40.2	31.4
T_f [℃]	45.4	36.9	30.2

[図4-16] ケース温度の測定例

[図4-17] 熱抵抗の等価回路例

4.5 ヒート・シンク（冷却体）の選定方法 | 111

4.6 過渡状態の熱方程式

　一般的には，前述のように平均発生損失から定常状態のT_jを考えれば充分ですが，実際にはスイッチングを繰り返すごとに発生損失はパルス状となるので，図4-18に示すように温度リプルを生じます．この場合，発生損失を一定周期かつ一定ピーク値の連続矩形波パルスと考えれば，仕様書に記載されている図4-19のような過渡熱抵抗曲線を使用して温度リプルのピーク値(T_{jp})を近似的に計算することができます．

　このT_{jp}も$T_{j(\max)}$を超えないことを確認してヒート・シンクを選定してください．

● 冷却体の種類

　パワー・モジュールの冷却に使用される主な冷却方式は，自然空冷方式，強制空冷方式，強制液冷方式，ヒート・パイプ方式などがあります．冷却能力は，図4-20に示すように，自然空冷＜強制空冷＜強制水冷となりますが，必要に応じた冷却方式を選定する必要があります．

　次に，各冷却方式のおおまかな冷却能力と特徴を示します．

(1) 自然空冷
　ヒート・シンクから自然に熱が放熱し，半導体素子を冷却する方法です．
(2) 強制空冷
　ヒート・シンクにファンなどで風を送って放熱させ，半導体素子を冷却する方法です．図4-21に，強制空冷ユニットの例を示します．

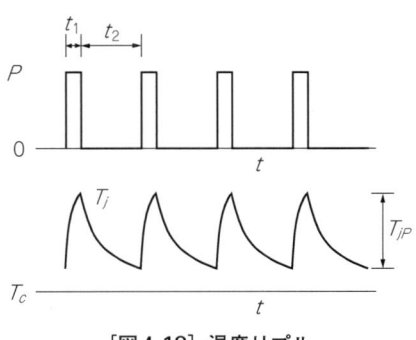

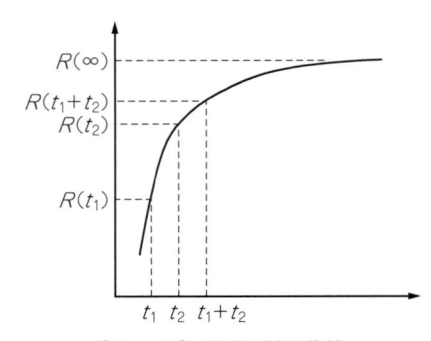

[図4-18] 温度リプル　　　　[図4-19] 過渡熱抵抗曲線

(3) 強制液冷

　ヒート・シンク内部に水などの液体を流すことにより放熱させ，半導体素子を冷却する方法です．図4-22に，水冷用ヒート・シンクの例を示します．

(4) ヒート・パイプ

　ヒート・パイプは，熱伝導性の高い材質を用いたパイプに揮発性の液体を封入したもので，蒸発と凝縮の潜熱を利用して熱輸送を行います．パイプの一方を加熱し，もう一方を冷却すると，内部の液体の蒸発（潜熱の吸収）→液体の凝縮（潜熱の放出）というサイクルが発生して熱を移動しますが，小さな温度差で大きな熱を輸送することができます．

　図4-23に示すように，ヒート・パイプと放熱板，冷却フィンなどを取り付けてIGBTを冷却します．

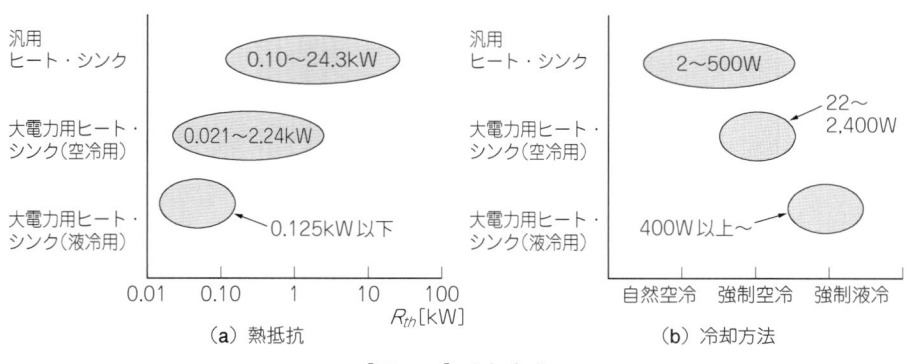

[図4-20] 冷却方式

(a) 熱抵抗
汎用ヒート・シンク：0.10～24.3kW
大電力用ヒート・シンク（空冷用）：0.021～2.24kW
大電力用ヒート・シンク（液冷用）：0.125kW以下
R_{th}[kW]

(b) 冷却方法
汎用ヒート・シンク：2～500W
大電力用ヒート・シンク（空冷用）：22～2,400W
大電力用ヒート・シンク（液冷用）：400W以上～
自然空冷　強制空冷　強制液冷

[図4-21] 強制空冷ユニットの例

[図4-22] 水冷用ヒート・シンクの例

[図4-23] 放熱板＋ヒート・パイプ＋冷却フィンを接続した例

4.7　ヒート・シンクの取り付け方法

　熱抵抗は，ヒート・シンクにIGBTモジュールが取り付けられる位置によって変化するので，次のような点に注意して取り付けてください．
- IGBTモジュール1個をヒート・シンクに取り付ける場合，ヒート・シンクの中心に取り付けると熱抵抗が最小となる．
- 一つのヒート・シンクに複数個のIGBTモジュールを取り付ける場合は，図4-24に示すように，各IGBTモジュールが発生する損失を考慮して，取り付け位置を決定する．大きな損失を発生するIGBTモジュールには，大きな占有面積を与えるようにする．各IGBTモジュールの配置間隔を広くすることにより，IGBTモジュール同士の熱干渉を小さくすることができる．

● ヒート・シンク表面の仕上げ
　IGBTモジュールを取り付けるヒート・シンク面の仕上げは，ネジ位置間での面の平坦度を100mmで50μm以内，表面の粗さは10μm以下にしてください．ヒート・シンクの面が平坦でない場合には，接触熱抵抗（$R_{th(c-f)}$）の増加を招きます（図4-25）．また，ヒート・シンク面の平坦度が上記範囲外の場合，IGBTモジュールを取り付けたとき（締め付け時），IGBTモジュール内のチップと金属ベースとの間にある絶縁基板にストレスが加わり，絶縁破壊を生じる恐れがあります．

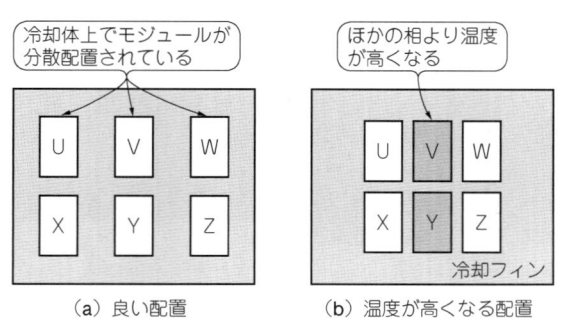

[図4-24] IGBTの位置について

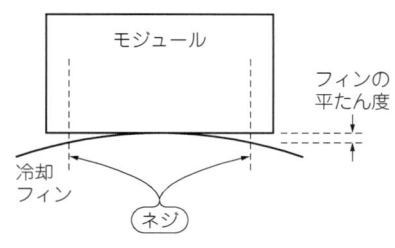

(a) 良い配置 — 冷却体上でモジュールが分散配置されている
(b) 温度が高くなる配置 — ほかの相より温度が高くなる

[図4-25] 冷却フィンの平坦度

4.8　サーマル・コンパウンドの塗布

　接触熱抵抗を小さくするために，ヒート・シンクとIGBTモジュールの取り付け面の間にサーマル・コンパウンドを塗布することを推奨します．

● サーマル・コンパウンドの種類

　サーマル・コンパウンドには多くの種類があり，さまざまな特性を有しています．各種サーマル・コンパウンドの特徴としては，

1. シリコーン含有の有無
2. 熱伝導率
3. 粘性

が上げられます．シリコーンについては，揮発による接点障害が懸念されています．熱伝導率は，コンパウンドに含有される粒子の種類と量に影響を受けます．粒子の含有量が増加すると粘性が増大し，サーマル・コンパウンドの広がり性が悪化し，

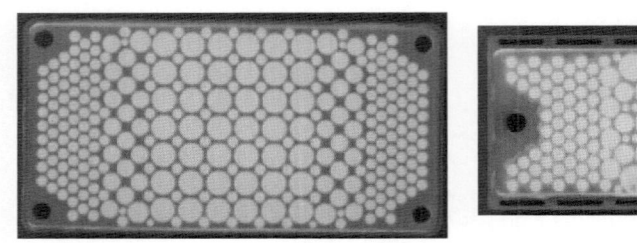

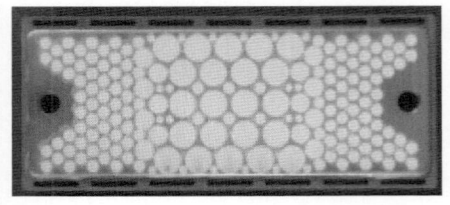

[図4-26] メタル・マスクのデザインの例

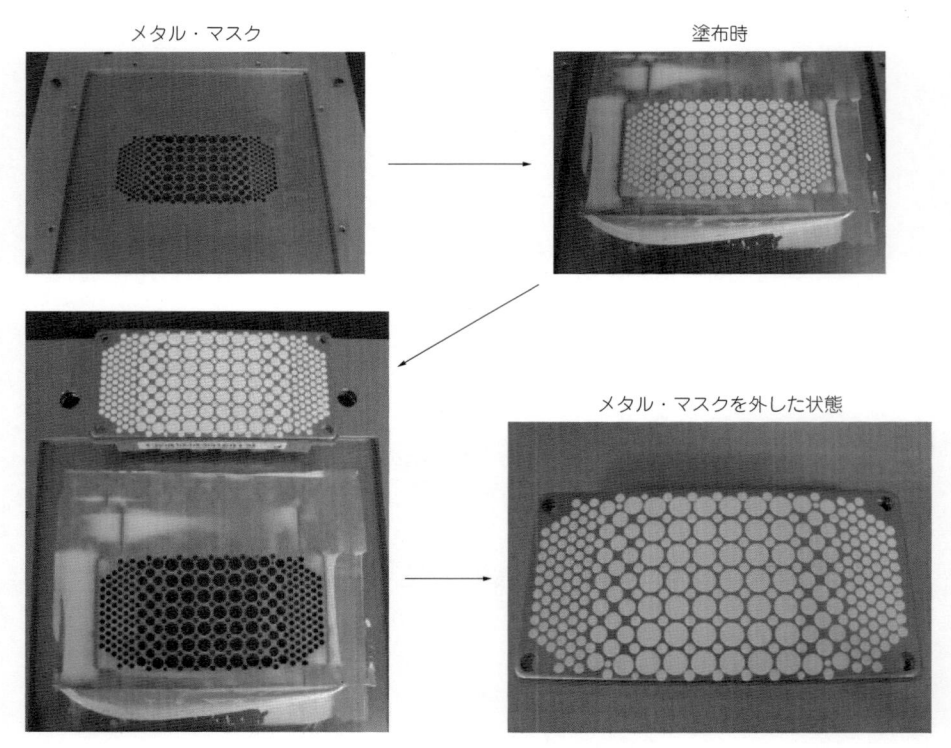

[図4-27] メタル・マスクの塗布方法

未接触部を作り接触熱抵抗を悪化させる可能性があります．
　粘性が低いサーマル・コンパウンドは広がりやすいため，IGBTモジュールと冷却フィン間の厚みを薄くでき接触熱抵抗を下げることができます．しかし，粘性が低いため位置保持性が悪いためIGBTモジュールの取り付け位置によってはサーマ

押し出し方向

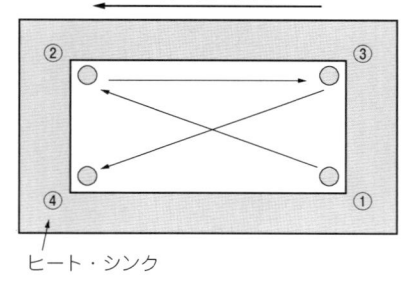

[図 4-28] IGBTモジュールの締め付け方

ル・コンパウンドの流れ出しが発生する可能性があります．そのため，IGBTモジュールを用いる製品用途および製品の使用環境により，シリコーン含有の有無，熱伝導率，粘性，耐環境性を考慮し，選択を行う必要があります．

● サーマル・コンパウンドの塗布方法

サーマル・コンパウンドは，ヒート・シンクあるいはIGBTモジュールの金属ベース面に塗布してください．塗布する方法は，スクリーン・プリンティングを用いることを推奨します．スクリーン・プリンティングを用いることにより，必要コンパウンド量を必要位置に容易に塗布することができます．スクリーン・プリンティングに用いるメタル・マスクのデザイン例を図4-26に，塗布方法を図4-27に示します．

4.9　IGBTモジュールの締め付け方法

IGBTモジュールを取り付ける際のネジの締め付け方を，図4-28に示します．仮締めと本締めを行ってください．仮締めトルクは，本締めトルクの約1/3が目安です．
サーマル・コンパウンドがIGBTモジュールと冷却フィンの間に存在するので，仮締めを行うことで動作時のネジ緩みを防止することができます．さらに，本締めトルクが不足すると，接触熱抵抗が大きくなることや，動作中に緩みが生じる恐れがあります．逆に，トルクが過大の場合には，ケースが破損する恐れがあります．

第5章

ノイズ低減対策技術

　最近では，IGBTを使用した装置は産業用にとどまらず，一般家庭や病院など，あらゆる場所で使用されるようになっています．これにともなって，IGBTがスイッチングすることによって発生するEMIノイズが問題となってきており，この対策がIGBT応用機器エンジニアの悩みの種となっています．

　IGBTの特性改善は，高速スイッチングと低損失を最大の目標として技術開発が進められてきましたが，スイッチングの際の高いdv/dt, di/dt（電圧/電流変化率）が放射性ノイズの要因となってしまうのです．このようなスイッチングに伴うノイズを低減させる手段としては，IGBTの駆動条件を見直し，スイッチング特性，特にターンオン・スピードをソフト（低速）化することが有効です．

5.1　インバータ・システムのEMC

　IGBTモジュールを使用したモータ・ドライブ・システムやUPS，新エネルギー用変換装置などのパワー・エレクトロニクス機器に対しては，IEC（国際電気標準会議）からEMC規格が規定されており，製品開発においてはEMC対策が必要不可欠となっています．

　EMCとは，Electro Magnetic Compatibility（電磁両立性）のことであり，製品が発生するノイズや電磁波がほかのいかなる機器に対しても影響を与えず，逆に外部環境やほかのいかなる機器からも影響を受けないために製品に要求される規格です．

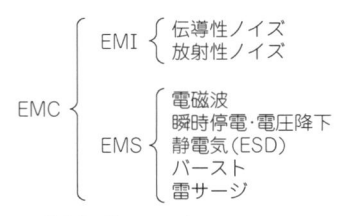

```
         ┌ EMI ┌ 伝導性ノイズ
         │     └ 放射性ノイズ
EMC ─────┤     ┌ 電磁波
         │     │ 瞬時停電・電圧降下
         └ EMS ┤ 静電気(ESD)
               │ バースト
               └ 雷サージ
```

[図5-1] EMCとEMI，EMS

EMCは図5-1に示すように，EMI（Electro Magnetic Interference，電磁妨害）とEMS（Electro Magnetic Susceptibility，電磁感受性）に分類されます．EMIとは電子機器が周辺機器に及ぼす悪影響であり，エミッションともいわれます．EMIには，電源に漏洩する伝導性ノイズと，電磁波として放射される放射性ノイズがあります．また，EMSとは周囲からの妨害に対する電子機器の耐量・性能のことで，イミュニティともいわれています．これには，電磁波，静電気，雷サージなどの評価項目が挙げられます．

　IGBTモジュールとその周辺回路およびパワー・エレクトロニクス機器に対するEMC性能を考えると，従来のバイポーラ・トランジスタに比較するとスイッチング時間が10分の1以下に低減され，数百V/数百A単位の高電圧/大電流を500ns以下という高速でスイッチングすることが特徴です．したがって，伝導性・放射性EMIは高電界，高磁界の変動により発生するため，IGBTモジュールのアプリケーションにとってはノイズの低減技術が重要になります．

　本章では，IGBTモジュールの適用においてトラブルとなりやすい，スイッチングによるほかへの影響，すなわちEMI特性について説明するとともに，対策方法などについて解説します．

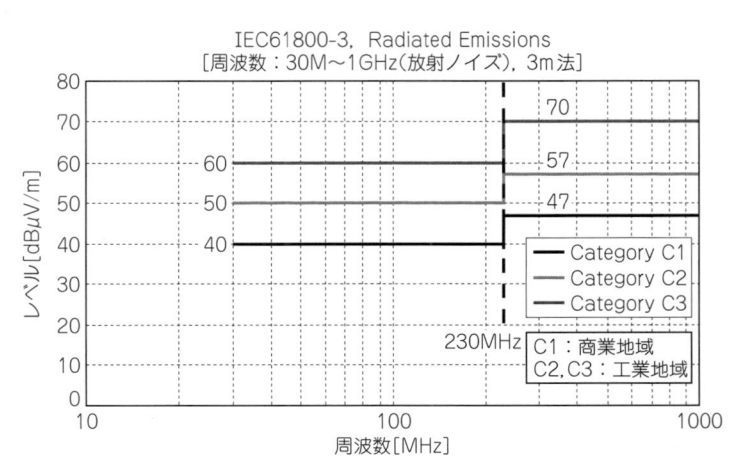

［図5-2］IEC61800-3における雑音端子電圧規制値（30M～1GHz）

5.2　EMI性能

　IGBTモジュールは，一般産業用をはじめエアコンや冷蔵庫などの家電用機器，自動車，車両駆動システムなど，幅広い分野の機器に適用されています．ここではIGBTモジュールの主要な用途である汎用インバータなど，モータ・ドライブ・システムに関する規格について紹介します．

(1) 伝導性エミッション（雑音端子電圧）

　IEC61800-3において，汎用インバータが対象となるPDS（Power Drive System）では，雑音端子電圧の限度値（QP値）は，図5-2のように規定されています．

　規格における限度値には，図5-3に示す各カテゴリにより規定されます．商業地域での用途に適用されるカテゴリ（C1），工業地域で使用される機器に適用されるカテゴリ（C2，C3）があります．産業向け汎用インバータは，カテゴリC3に規定されます．

(2) 放射性エミッション

　放射性エミッション（放射ノイズ）に関する規格値を図5-4に示します．なお，カテゴリ区分は伝導性エミッションと同等に規定されます．

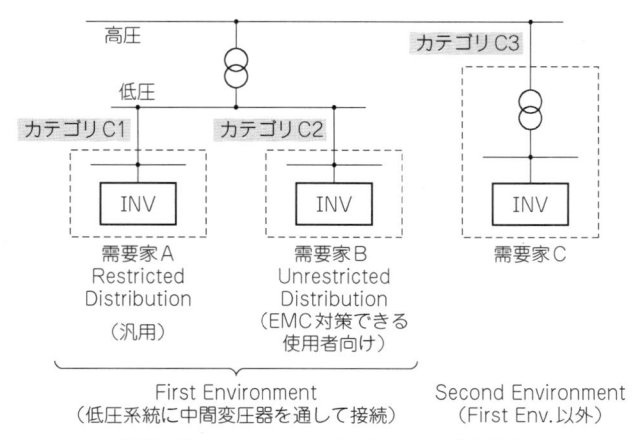

[図5-3] IEC61800-3におけるカテゴリ区分

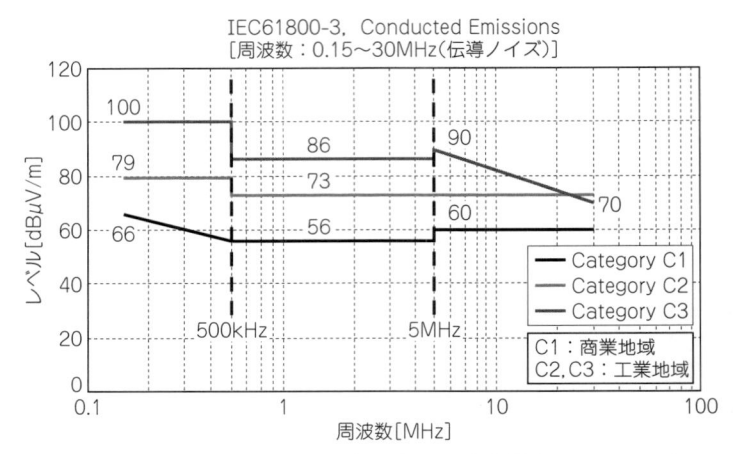

[図5-4] IEC61800-3における雑音端子電圧規制値(0.15～30MHz)

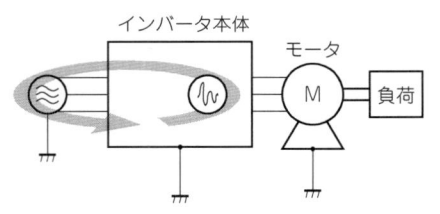

[図5-5] ノーマル・モード・ノイズの経路

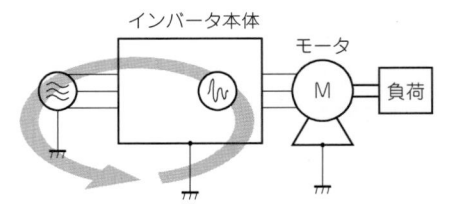

[図5-6] コモン・モード・ノイズの経路

5.3　インバータにおけるEMI対策

● コモン・モード・ノイズとノーマル・モード・ノイズ

　ノイズの伝播経路には，主にノーマル・モードとコモン・モードの2種類があります．ノーマル・モード・ノイズは正相雑音とも呼ばれ，IGBTのスイッチングに伴う急峻な電圧/電流の変化が主回路内で伝播されて，交流入力端子や出力端子に現れてくるノイズです．ノーマル・モード・ノイズの経路を図5-5に示します．

　一方，コモン・モード・ノイズは同相雑音とも呼ばれ，スイッチングに伴うアースに対する電位変動が主回路とアース間やトランスなどに存在する浮遊容量を充放電させることにより，アース線を経路としてノイズ電流が伝播されます．このようすを図5-6示します．

　実際の装置では，各相（たとえば，R/S/T相）の配線にはインピーダンスのアン

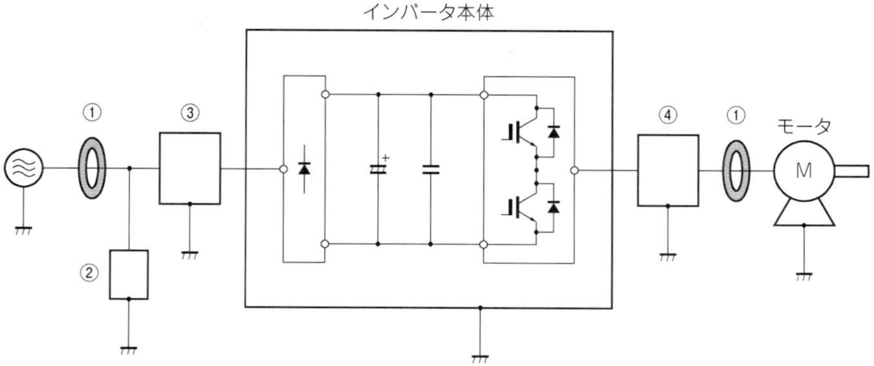

[図5-7] インバータのノイズ対策例

バランスがあるため，ノーマル・モードのノイズがアース線を介したコモン・モード・ノイズに転化したり，また逆にコモン・モード・ノイズがノーマル・モード・ノイズに変換されたりします．したがって，実際のノイズ・スペクトルにおいてノーマル・モード経路によるノイズとコモン・モード経路によるノイズとを分離することは非常に困難です．

一般的な注意事項としては，各相の配線はできるだけアンバランスしないような配慮が必要です．

● **インバータのノイズ対策**

インバータ・システムにおける一般的なノイズ対策例を，図5-7に示します．

市販のノイズ・フィルタやリアクトルなどの対策部品を各部に挿入することによって，インバータ・システムが発生するノイズ（主に高調波電流や雑音端子電圧）を抑制することができます．

各部品の効果は，以下のとおりです．

①零相リアクトル

入出力ラインに挿入するコモン・モードのリアクトルです．数MHz帯までのノイズ抑制に効果があります．

②アレスタ

電源から流入するコモン・モード，ノーマル・モードの誘導雷からインバータ・システムを保護するために設置します．

③入力フィルタ

LおよびC，Rから構成され，電源系統側へ流出するノイズを抑制します．ノイズ

5.3 インバータにおけるEMI対策 | 123

減衰量など各種の製品が販売されていますので，仕様や目的に合わせて選定します．

また，設置方法によっては減衰効果が劣る場合があるので，取扱説明書にしたがった配線，設置が必要です．

④出力フィルタ

モータに加わるサージ電圧の抑制や，出力ケーブルから誘導されるノイズの抑制に使用します．

上述のようなインバータの外部に設置するフィルタなどは，一般に100kHz～数MHz帯でのノイズ抑制に効果がありますが，それ以上の帯域（10MHz以上の雑音端子電圧や30MHz以上の放射ノイズ）に対しては抑制効果が小さかったり，効果が期待できなかったりする場合があります．

これは，後述するようにフィルタの周波数特性には限界があるためで，広い周波数全体にわたりノイズを効果的に抑制するためには，それぞれの周波数帯に合わせた最適なフィルタを導入する必要があります．

10MHz～50MHz付近に発生するノイズの要因の一つは，インバータ本体内のIGBTモジュール周辺部のインダクタンスや寄生容量が原因となって，スイッチングに伴い共振が発生するためと考えられます．以下の項では，IGBT周辺で発生するノイズのメカニズムと，その対策方法について説明します．

● モジュール特性に起因するノイズの発生メカニズム

典型的なモータ・ドライブ・システムのブロック図を図5-8に示します．この図は，交流電源を整流ダイオードにより一旦直流に整流した後，インバータ部のIGBTを高周波でスイッチングさせることにより交流に逆変換し，モータを可変速駆動するものです．IGBTモジュールや整流ダイオードは冷却フィンに取り付けられますが，この冷却体はインバータの本体を兼ねることもあり，安全上グラウンドに接地されるのが一般的です．

図5-8において，冷却体に取り付けられた金属ベース面と，IGBTチップなどの電気回路側とは，高熱伝導性の絶縁基板によって絶縁が保たれています．しかし，放射ノイズや雑音端子電圧のようなMHzオーダの領域では，回路部品としては現れてこない寄生インダクタンス，寄生容量が大きな影響を及ぼします．

図5-9は，数百kHz～数十MHzという高周波帯域における，モータ・ドライブ・システムの概略図を示しています．IGBTモジュール周囲の配線上には，数十n～数百nHの浮遊インダクタンスが存在し，上述の絶縁基板には数百pFの浮遊容量が存在しています．また，IGBTチップ内部のPN接合部には接合容量が存在します．

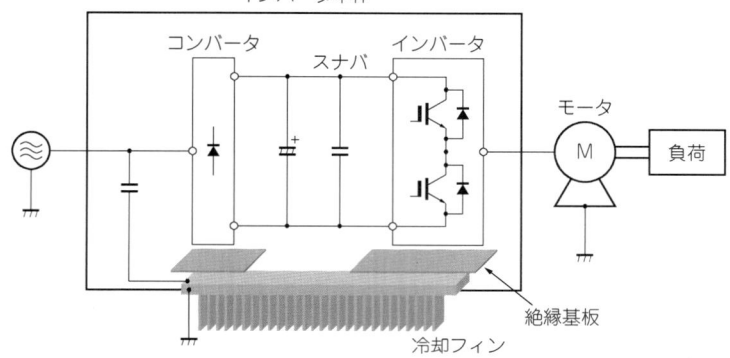

[図5-8] モータ・ドライブ・システム

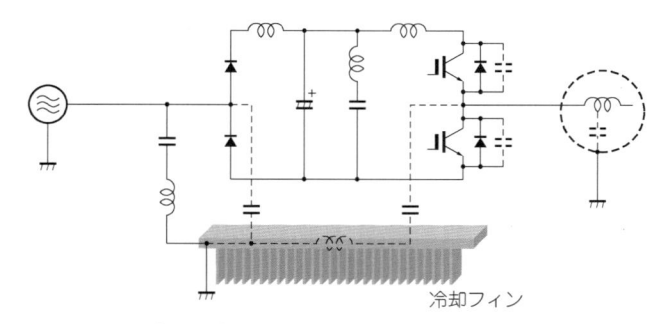

[図5-9] 寄生のLCを考慮した等価回路

　たとえば，配線の浮遊インダクタンスが200nH，基板の浮遊容量が500pFであったとし，これがループ状になっていれば，そのループの共振周波数f_0は，

$$f_0 = \frac{1}{2\pi\sqrt{LC}} = \frac{1}{2\pi\sqrt{200\,\mathrm{nH} \times 500\,\mathrm{pF}}} = 16\mathrm{MHz}$$

となります．

　IGBTのスイッチングがトリガとなって，このループに16MHzの共振電流が流れると，その影響が雑音端子電圧や放射ノイズとなって現れます．上の例では，IGBTの絶縁基板を介した16MHzのコモン・モード・ノイズ電流が接地線に流出するので，これが電源側に伝播されて雑音端子電圧のピークとなって現れます．この共振周波数が30MHz以上になると，放射ノイズのピークとなって観測されることになります．

表5-1に，15kWモータ・ドライブの各回路部品の浮遊容量と浮遊インダクタンス値の例を示します．

実際のシステムでは，これらの要素が複雑に接続されており，意図しない寄生のLC共振回路が構成されることになります．IGBTのスイッチングに伴い，これらのLC回路において共振が発生し，雑音端子電圧や放射ノイズにおけるピークとなって測定されます．

一般的に，雑音端子電圧，放射ノイズそれぞれにおいてピークを発生させやすい共振ループを図5-10に示します．雑音端子電圧はモータ容量と配線インダクタンスの共振（1～4MHz），DBC基板と配線インダクタンスの共振（5～20MHz）で，放射ノイズは，DBC基板と配線インダクタンスの共振（10～30Hz），IGBT接合容量とスナバ・コンデンサの共振（30～40MHz）で，大きなノイズが発生することがあります．

[表5-1] 主回路構成部品の寄生L，C値の例（15kW，汎用インバータ）

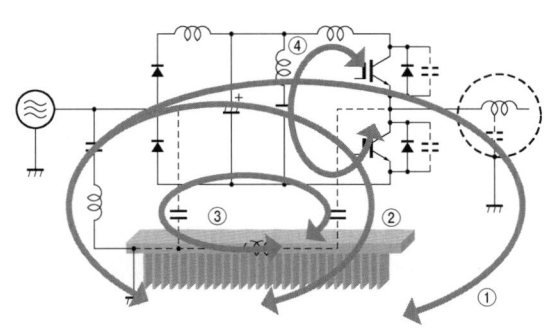

	浮遊C	浮遊L	備　考
モジュールPN端子間	―	20～40nH	
IGBTチップ単体	100～200pF	―	電圧依存性が大きい
スナバ・コンデンサ		20～40nH	
内部絶縁基板	500～1,000pF	―	
電解コンデンサ	100pF	―	内部電極-取り付け金属バンド間
鉄心入りリアクトル	50～200pF	―	数MHz以上はC成分
バリスタ	100～200pF	―	高耐圧品ほどCは小
モータ	13,000pF	―	3相15kWモータの例
シールド付き4芯ケーブル	数百pF	数百n～数μH	1m当たり
配線バー	―	数百nH	10cm当たり概略100nH

①：1～4MHz（雑音端子）
　　モータ容量～配線インダクタンス
②：5～8MHz（雑音端子）
　　DBC基板容量～配線インダクタンス
③：10～30MHz（雑音端子・放射ノイズ）
　　DBC基板容量～配線インダクタンス
④：30～40MHz（放射ノイズ）
　　IGBT接合容量～スナバ・コンデンサ

[図5-10] 表5-1における経路の例

5.4　IGBTモジュールの適用におけるEMI対策

● モジュールの特性が影響する周波数帯

　図5-4に示したように，モータ・ドライブ・システムで対象となる伝導性ノイズの周波数は150kHz〜30MHzです．図5-11に，15kW汎用インバータの雑音端子電圧の測定例を示します．図5-11のように，雑音端子電圧は150kHz付近が一番高く，周波数が高くなるほど−20dB/decで減衰する特性になります．この雑音端子

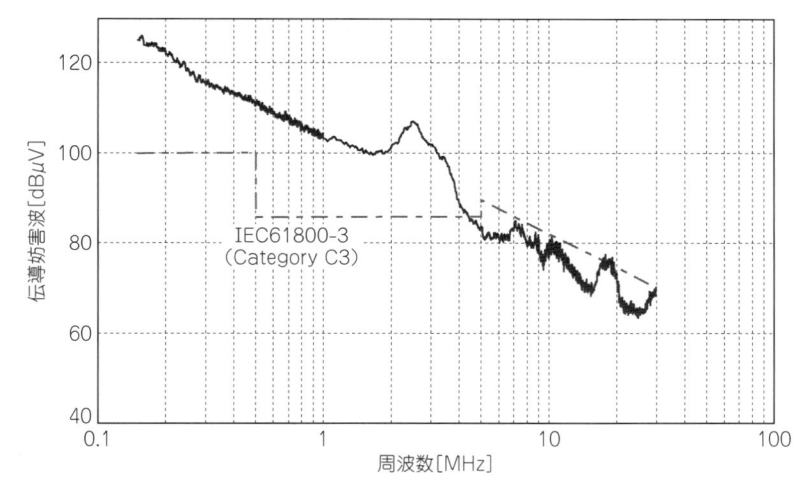

［図5-11］汎用インバータの雑音端子電圧の例（3相200V/15kW）

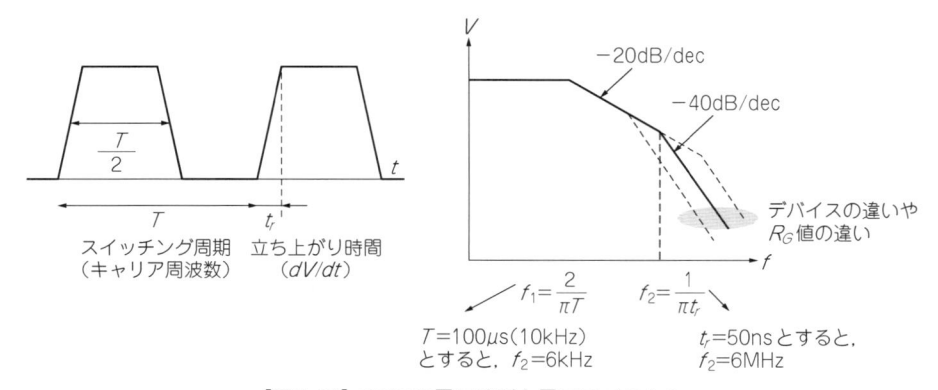

$T=100\mu s(10\text{kHz})$とすると，$f_2=6\text{kHz}$

$t_r=50\text{ns}$とすると，$f_2=6\text{MHz}$

$f_1=\dfrac{2}{\pi T}$　　$f_2=\dfrac{1}{\pi t_r}$

［図5-12］IGBTの電圧波形と電圧スペクトル

電圧スペクトルは，矩形波状のノイズ源（IGBTのスイッチング）におけるキャリア周波数（数kHz～20kHz程度）の高調波成分が現れているため，IGBTモジュール自身のスイッチング特性などにはほとんど影響されません．

これは，図5-12のようにIGBTモジュールのスイッチングにおける電圧の立ち上がり/立ち下がり時間はおよそ50～200ns程度で，これを周波数に換算すると2～6MHzとなり，これ以上の周波数では－40dB/decの減衰となりますが，これ以下の周波数帯域では－20dB/decで減衰する特性になります．

● 伝導性ノイズ（雑音端子電圧）対策
（1）フィルタの設置

伝導性ノイズ対策は，交流電源入力側にフィルタ回路を設置して，インバータで発生したノイズ電流が電源側に流出しないようにすることが一般的です．フィルタ回路は LC 要素で構成され，目標とする規格値に対して必要な減衰量を得られるように，フィルタ回路のカットオフ周波数を設計します．また，ノイズ対策用のフィルタは磁性体メーカやコンデンサ・メーカなどから各種の製品が市販されているので，対応規格や必要な電流などに応じて選択します．

図5-13に，IEC61800-3カテゴリC2への対応用に設計された入力フィルタの低減効果を示します．フィルタがない場合には150kHzにおいて125dBμV程度であった雑音端子電圧が，フィルタにより70dBμVまで減衰されており，規格値に対し数

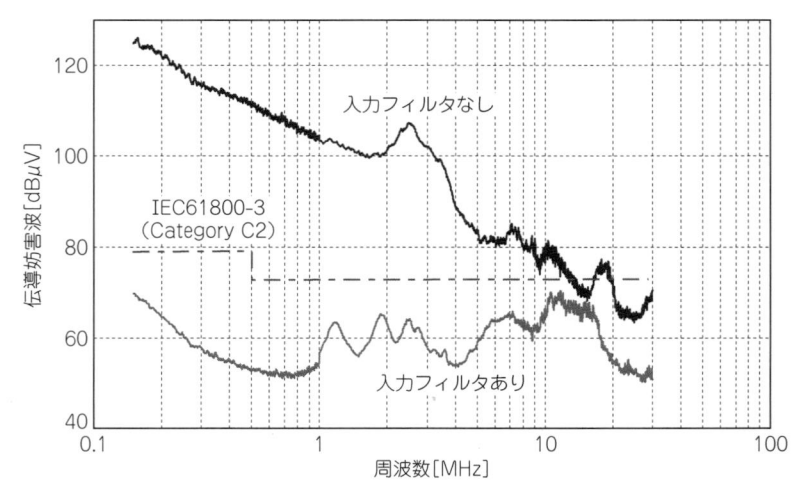

［図5-13］3相200V/15kWインバータにおける雑音端子電圧の測定結果（QP値）

dBのマージンをもってクリアすることができます．

(2) フィルタを適用する場合の注意点

　理想的なフィルタの場合，周波数が高くなるほど減衰量は大きくなりますが，実際のフィルタ回路では，数MHz以上の高周波領域では理想的な減衰特性が得られなくなります．これは，フィルタ回路に使用される部品にも寄生のL，Cが存在するため，高周波領域の周波数での減衰効果が小さくなるためです．

　図5-13の雑音端子電圧も，10MHz付近の高い周波数帯での減衰効果が小さく，規格に対するマージンがもっとも小さくなっています．

　また，図5-10に示す③の経路（DBC基板容量と配線インダクタンス）の共振で10MHz以上の帯域に雑音端子電圧のピークが出る場合があります．

　図5-14に，DBC基板を介した共振のコモン・モード回路モデルの例を示します．ここでは，入力フィルタとして接続されているコンデンサのインダクタンスとインバータ側モジュールの基板容量との共振，コンバータ－インバータ－モジュール間の共振現象を示しています．このように，ノイズ対策のためにフィルタやバリスタなどを追加すると，そのフィルタの寄生LCとの共振によりピークが生じる場合があります．

(3) IGBTモジュールへの雑音端子電圧対策

　IGBTモジュールに起因する高周波領域に発生している雑音端子電圧の対策方法を紹介します．

(a) ゲート抵抗の調整による雑音端子電圧の対策

　図5-15に，1200V，75A（7MBR75U4B120）IGBTモジュールを適用したインバータの雑音端子電圧スペクトル例（入力フィルタあり）を示します．図5-15では，ゲート抵抗を標準値，2倍，3倍と増加させた場合，10MHz付近の雑音端子電圧ピークが5dB程度抑制されたことがわかります．これは，図5-12に示すように，ゲート

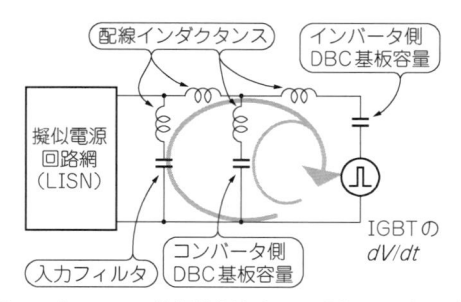

［図5-14］IGBTの絶縁基板を介した共振の回路モデル

5.4　IGBTモジュールの適用におけるEMI対策

抵抗を大きくしたことで立ち上がり時間t_rが大きくなり，カットオフ周波数f_2が低減して，10MHz領域の雑音端子電圧が低減するためです．ただし，ゲート抵抗を2倍以上大きくしても，その低減効果は小さくなっています．また，スイッチング損失の増加によるデメリットも考慮して対策効果を判断する必要があります．

(b) フェライト・コアによる共振の抑制

フェライト・コアは，ノイズ対策用としてよく用いられる部品です．その等価回路は，一般的にLRの直列回路として示されます．**図5-16**に，フェライト・コアのL，R特性例を示します．このフェライト・コアを，**図5-17**のように共振③の

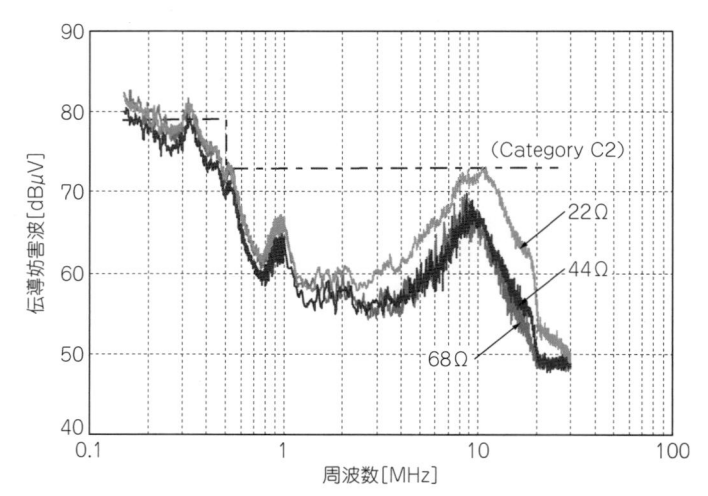

[図5-15] ゲート抵抗を変更したときの雑音端子電圧（7MBR75U4B120）

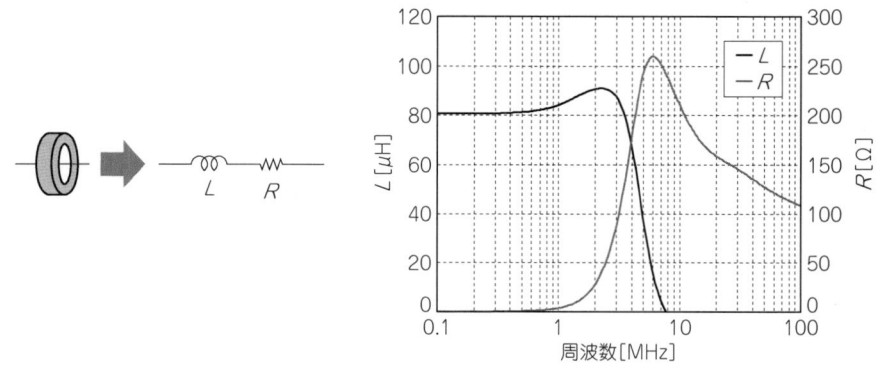

[図5-16] フェライト・コアのインピーダンス特性

経路に挿入します．フェライト・コアを挿入する前後における共振ループのインピーダンス特性を**図5-18**に示します．共振点ではインピーダンスが最低となり，大きな共振電流が流れるため雑音端子電圧にもピークを生じます．ここにフェライト・コアを挿入するとインピーダンスが上がり，共振にダンピングをかけることで雑音端子電圧を効果的に抑制することができます．

図5-19に，フェライト・コアをインバータ主回路に実装した場合の低減効果を示します．ゲート抵抗における対策とは異なり，フェライト・コアを適用する場合はIGBTの損失が増加することなくノイズ対策が可能です．

● IGBTへの放射ノイズ対策

図5-20に，1200V，100A（7MBR100U4B-120）IGBTモジュールを使用した汎用インバータの放射ノイズ特性を示します．

放射ノイズの主な要因は，IGBTがターンオンする（対抗アーム側のFWDが逆回

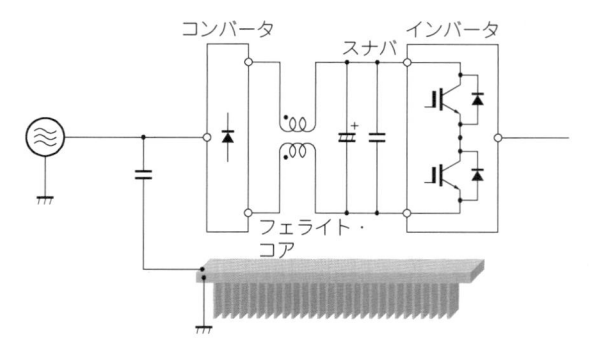

[図5-17] コモン・モード・コアによる対策例

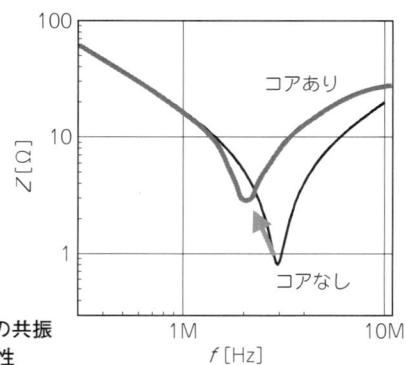

[図5-18] コア対策前後での共振ループのインピーダンス特性

5.4 IGBTモジュールの適用におけるEMI対策

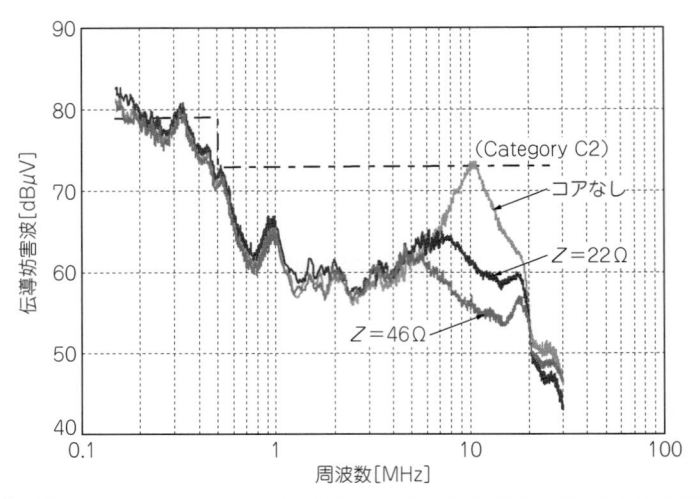

[図5-19] コモン・モード・コアを挿入したときの雑音端子電圧（7MBR75U4B120）

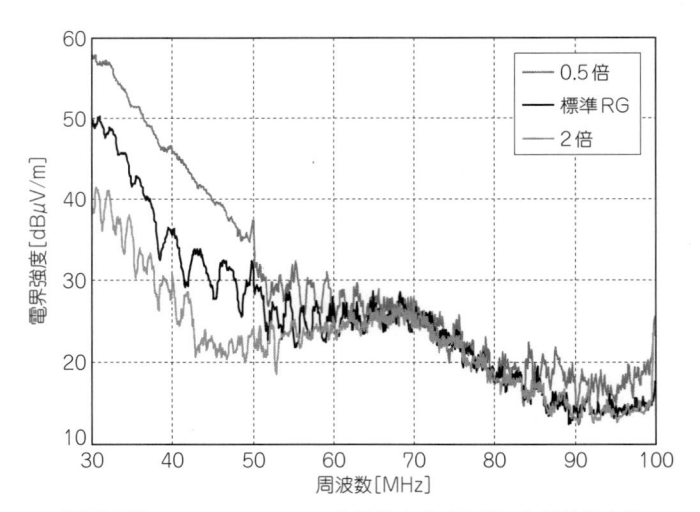

[図5-20] 7MBR100U4B120の放射ノイズのゲート抵抗依存性

復する）際に生じる高いdv/dtがトリガとなって，図5-10に示す経路④（IGBT接合容量とスナバ・コンデンサ間）に流れる高周波のLC共振によるものと考えられます．一般に，図5-21に示す微小電流ループ（ここでは，上述のLCループ）から放射される，周波数fにおける遠方電界E_fは，次の式（マクスウェルの波動方程式）で与えられます．

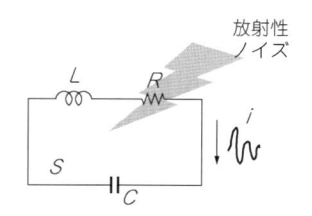

[図5-21] モジュールとスナバ容量Cで構成されるループ

$$E_f = \frac{1.32 \times 10^{-14}}{r} \cdot S \cdot I_f \cdot f^2 \cdot \sin\theta \quad \text{(5-1)}$$

r：ループからの距離
S：ループの面積
I_f：ループの電流値
θ：ループ面からの角度

この式(5-1)から，E_fはループからの距離に反比例し，ループ面積およびループ電流に比例することがわかります．

また，電流値I_fは，

$$I_f = \frac{E}{Z} \quad \text{(5-2)}$$

E：IGBTのスイッチング波形の電圧スペクトル(図5-12)
Z：ループのインピーダンス

で与えられます．

したがって，放射ノイズを低減するためには，
① ループ面積Sを小さくする
② ループ電流を小さくする
　(a) スイッチング電圧のスペクトルを小さくする
　(b) ループ・インピーダンスを増加させる

ことが考えられます．

(1) ループの放射面積を小さくする

スイッチング時に流れる主な高周波のノイズ電流は，デバイスの寄生容量とスナバ・コンデンサ間の経路④に示されるLCループに流れます．2in1パッケージでは，モールド形のスナバ・コンデンサを端子に直にネジ止めして使用し，ループの放射面積をできるだけ小さくする必要があります．また，6in1，7in1タイプなど，ピン端子形モジュールではパワー基板に実装されるケースがほとんどですが，スナバ・

コンデンサはできるだけP/N端子ピンの近くに配置します．

また，Vシリーズでは，このLCループの面積を低減したパッケージを使用しています．共振ループ面積はP電極とN電極のパターンを介した面積になります．したがって，P電極とN電極のパターンを近接して配置することで，このLCループを低減できます．図5-22に，従来パッケージとP，N電極パターンを近接してLCループ面積を59%に低減したパッケージの外観を示します．また，図5-23に，このパッケージを用いて15kWモータを運転（無負荷）したときの放射ノイズの測定結果を示します．

この結果，放射ノイズは，55dBμV/mから50dBμV/mへと5dB低減できます．これは，LCループの面積が59%になり式(5-1)で表される放射ノイズが4.6dB低減することと一致します．

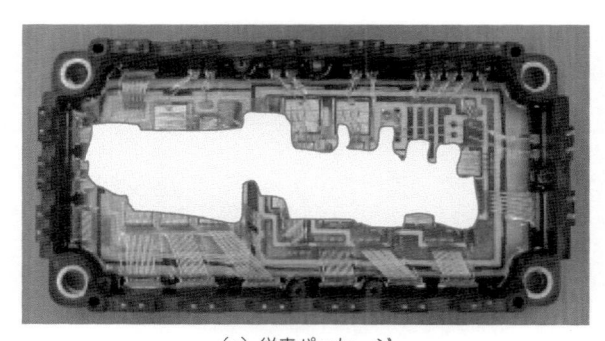

（a）従来パッケージ

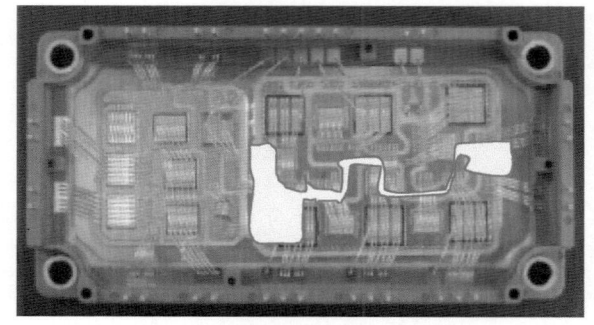

（b）ループ面を低減した新パッケージ

[図5-22] パッケージの絶縁基板のレイアウト比較

(2) 電圧のスペクトルを小さくする

次に，放射ノイズを低減するために，ループに流れる電流I_fを低減する技術を紹介します．スイッチング時のdv/dtを低減し，30MHz以上の高周波のループ電流を減らすことにより放射ノイズを低減することができます．またこのとき，スイッチング特性を最適化し，スイッチング損失の増加を最小にする技術も紹介します．

トレンチ・ゲートIGBTは，ON電圧を大幅に低減できますが，大きなミラー容量C_{GC}が存在し，ターンオン時に長いテール電圧が発生します．この結果，ターンオン損失が大きくなるといった問題があります．図5-24に，従来のトレンチ・ゲートのターンオン波形を示します．従来のトレンチ・ゲートIGBTでは，ゲート抵抗を大きくすると大きなテール電圧が発生することがわかります．また，ターンオン直後にゲート抵抗を大きくしても，ターンオン・スピードをコントロールできない期間があることがわかります．これは，ターンオン時に正バイアスされたエミッタ領域からゲートに電流が流れ込み，ターンオンdi/dtを大きくするためです．

そこで，Vシリーズでは，ゲート構造を最適化してミラー容量を低減し，正バイアスされない構造にしています．この結果，ゲートへの流れ込み電流をほとんどなくし，ターンオン直後のターンオン・スピードをコントロールできない期間をなくすことができます．図5-25に，改良されたトレンチ・ゲートのターンオン波形を示します．ゲート抵抗を大きくすることで，ターンオン直後からターン・スピード

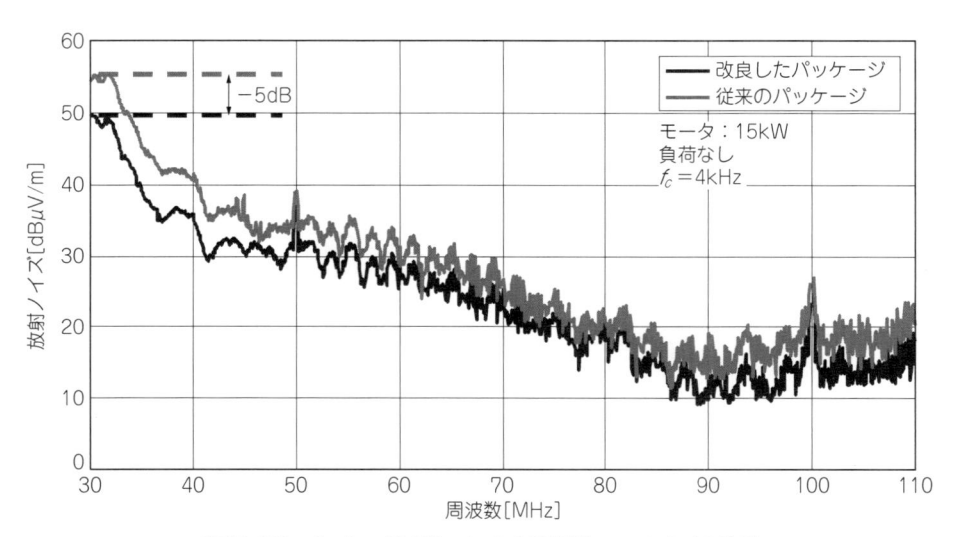

[図5-23] パッケージの違いによる放射性EMIノイズの比較

が変化し，ターンオン電流のピーク値も変化していることがわかります．また，ターンオンのテール電圧が低減し，ゲート抵抗の増加に対しターン損失の増加が少ないことがわかります．

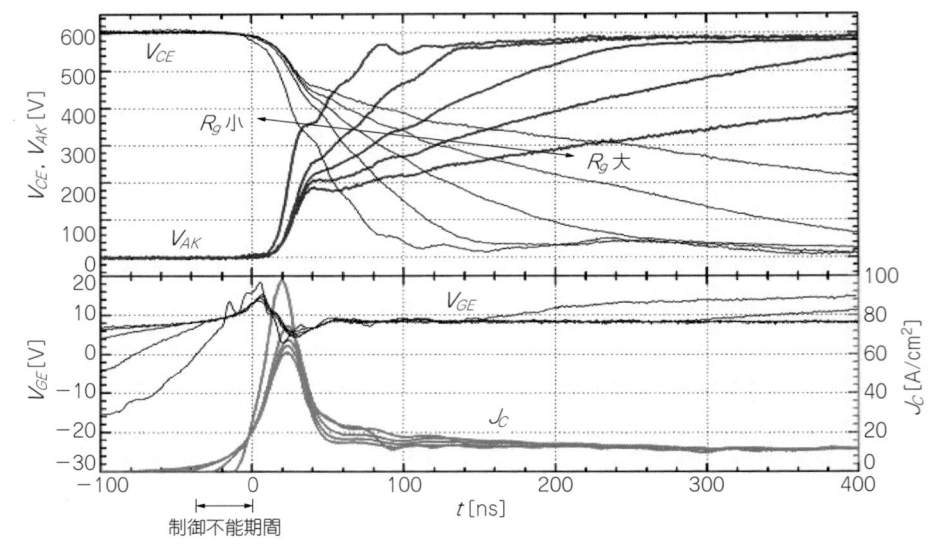

[図5-24] 従来のトレンチ・ゲートIGBTのターンオン波形

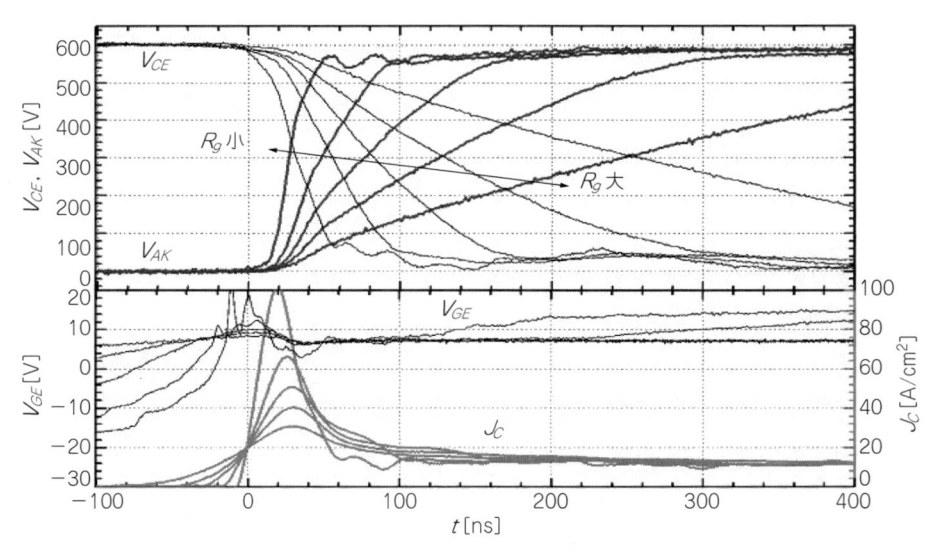

[図5-25] 改良されたトレンチ・ゲートIGBTのターンオン波形

図5-26に，放射ノイズの比較を示します．従来のトレンチ・ゲートにおいては，ゲート抵抗を大きくしても放射ノイズはあまり低減されませんが，改良されたトレンチ・ゲートにおいてはゲート抵抗R_g=4.7Ωを27Ωにすることで，放射ノイズが60dBμV/mから35dBμV/mと25dBも低減されていることがわかります．

　この結果，改良されたトレンチ・ゲートIGBTを用い，ゲート抵抗を調整することにより，放射ノイズを簡単に低減できることがわかります．

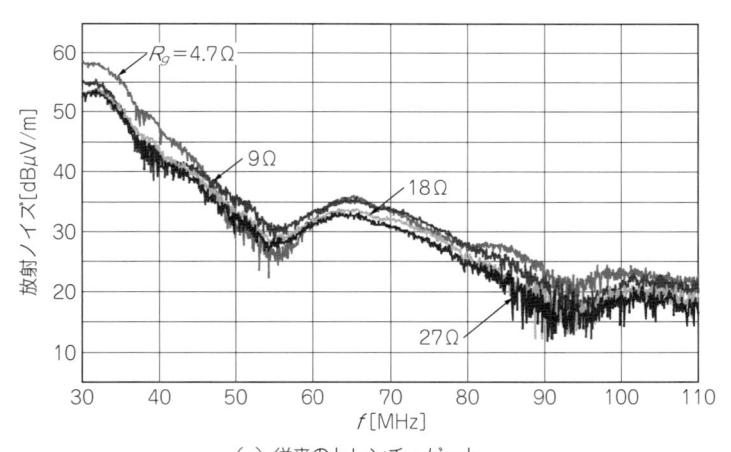

(a) 従来のトレンチ・ゲート

(b) 改良したトレンチ・ゲート

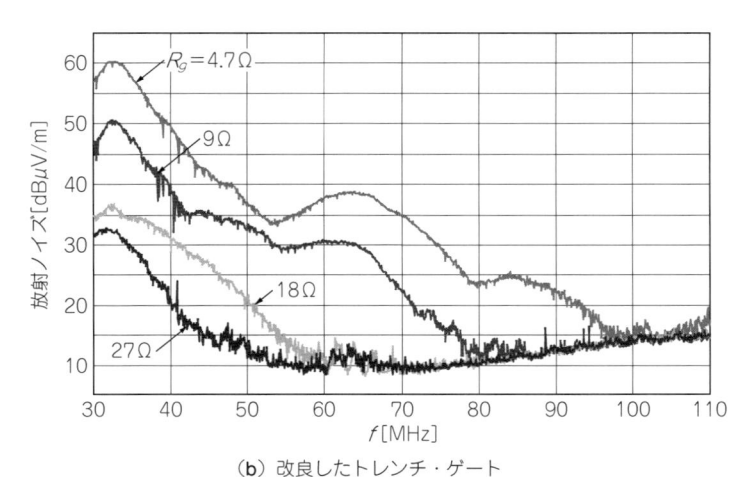

[図5-26] トレンチ・ゲートの違いによる放射ノイズの比較

5.4　IGBTモジュールの適用におけるEMI対策

● まとめ

　以上のように，IGBTがスイッチングすることによって発生するEMI（特に10MHz以上の高周波雑音端子電圧や放射ノイズのピーク）は，主にIGBT自身およびその周辺回路上に存在する浮遊LCの共振が原因です．原理的にも，物理的にもこれらの浮遊LC成分をゼロにはできません．したがって，ノイズ対策にはこれらの問題となるループの共振をいかに的確に発見し，その対策をできるかどうかが重要になります．

第6章
トラブル発生時の対処方法

　IGBTモジュールをインバータ回路などに使用した場合,配線ミスや実装上のミスなどにより,素子の破壊をまねくことがあります.もし,このような素子の破壊といった異常が発生した場合は,発生状況や原因を明確にした上で対策をする必要があります.

　図6-1に示すように,IGBTチップはRBSOA逸脱,ゲート過電圧,ジャンクション温度の上昇過大などにより,またFWDチップはジャンクション温度の上昇過大,過電圧,過電流などにより破壊することがあり,さらに取り扱いや信頼性(寿命)による破壊もあります.**表6-1**に,代表的な素子の異常時の要因と破壊モードをまとめました.

　図6-2に,IGBTチップの破壊モードとチップ表面の観察結果を示します.過電流や過熱に起因する破壊はチップ中央部が,過電圧に起因する破壊はチップのエッジ部の破壊が多いようです.**図6-3**に,熱応力による破壊箇所の断面図を示します.熱応力によってワイヤ・ボンディング部が剥離したり,はんだにクラックが入って破壊します.

```
IGBTモジュールの破壊 ─┬─ IGBTチップ ──┬─ RBSOA逸脱
                  │              ├─ ゲート過電圧
                  │              └─ ジャンクション温度上昇過大
                  ├─ FWDチップ ───┬─ ジャンクション温度上昇過大
                  │              ├─ 過電圧
                  │              └─ 過電流
                  ├─ 取り扱い ────┬─ 外力
                  │              └─ 衝撃
                  └─ 信頼性(寿命) ─┬─ 高温・低温状態での保管
                                 ├─ 高温多湿
                                 ├─ 熱応力寿命
                                 ├─ 高温印加
                                 └─ 高温多湿印加
```

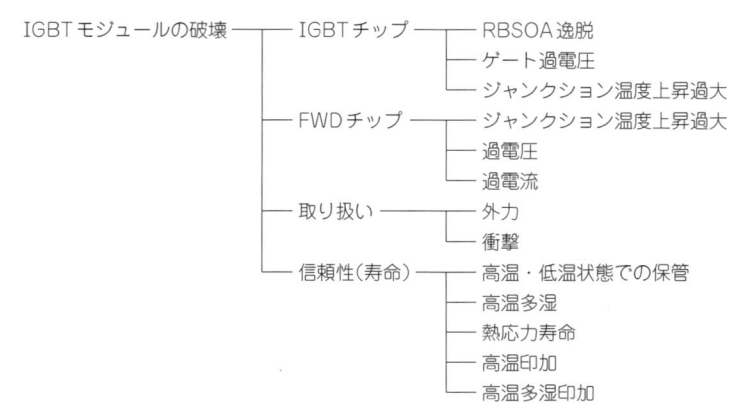

[図6-1] IGBTモジュールの故障原因

6.1　故障の判定方法　**139**

[表6-1] 異常時の対策

素子の異常 波形の異常		推定される原因	
短絡	アーム短絡	短絡電流遮断時のサージ電圧 短絡保護時間遅れ	
		駆動回路誤動作 制御回路誤動作	外来ノイズなど
		dv/dt 誤動作	ゲート逆バイアス不足 ゲート配線が長い
		デッド・タイム不足	ゲート逆バイアス不足 デッド・タイム設定ミス
	出力短絡	配線ミス，配線接触 負荷回路側での短絡	
	地絡	装置配線のミス，配線間の接触	
	過負荷(過電流)	制御回路の誤動作 過電流保護設定値のミス	
過電圧	直流電圧過大	入力電圧過大 過電圧保護	
	スパイク電圧過大	自己スイッチング(ターンオフ)によるスパイク電圧	
		FWD逆回復時のスパイク電圧	
ゲート電圧不足	ドライブ回路異常	駆動回路用電源の誤動作 駆動回路用電源の確立時の定数遅れ	
	ゲート・オープン	ゲート配線のはずれ	
ゲート過電圧	ゲート端子への静電気印加 ゲート配線不適切のためのゲート過電圧		
フィンや ケースの過熱	放熱能力の不足	取り付けネジのゆるみ，冷却ファンの停止，周囲環境 サーマル・コンパウンド不足，フィン能力不足など	
	サーマル・ランナウェイ	制御回路の誤動作によるキャリア異常	
回路オープン	外部配線からの応力，プリント基板の振動などによる製品本体や端子部への応力		

6.1　故障の判定方法

　IGBTモジュールが破壊したかどうかを判定するには，トランジスタ特性測定装置[トランジスタ・カーブ・トレーサ(以下，CT)]によって，次の項目をチェックします．
- ゲート-エミッタ間の漏れ電流
- コレクタ-エミッタ間の漏れ電流
  (ゲート-エミッタ間を必ずショートさせる)

破壊モード	回路のチェック・ポイント
SCSOA	短絡時の動作軌跡と素子耐量のマッチングを確認 保護動作の高速化/ソフト遮断化によるスパイク抑制
SCSOA 過　熱	周辺回路の誤動作の確認
過　熱	dv/dt 誤 ON の確認 ゲート抵抗/逆バイアス電圧の確認
過　熱	ターンオフ時間とデッド・タイムのマッチング デッド・タイムを長くする
SCSOA	不具合発生状況の確認 素子耐量と保護回路のマッチング
SCSOA	配線状態の確認
過　熱	制御回路の動作と波形チェック 過電流保護設定値の見直し
過電圧	過電圧保護レベルの見直し
RBSOA	動作軌跡と RBSOA のマッチング スナバ回路，駆動条件の見直し
過電圧	スパイク電圧と素子耐量のマッチング スナバ回路，駆動条件の見直し
過　熱	駆動回路波形と電源の確認
	駆動回路接続の確認
過電圧	静電気などの作業状態の確認 ゲート電圧の確認
過　熱	放熱条件の確認 冷却能力，製品取り付け状態
過　熱	制御回路信号の確認
製品内部の断線	端子部の応力と実装状態の確認

また，CT の代わりに，テスタなどの電圧や電流，抵抗を測定できる装置を使用しても，簡易的に故障判定ができます．

(1) ゲート-エミッタ間のチェック

図6-4に示すように，コレクタ-エミッタ間を短絡状態にし，ゲート-エミッタ間の漏れ電流あるいは抵抗値を測定します（ゲート-エミッタ間には，±20V を超える電圧は印加しないこと．テスタを使用する場合，内部のバッテリ電圧が 20V 以下であることを確認する）．

IGBT モジュールが正常であれば，漏れ電流は数百 nA 程度（テスタを使用する場合，抵抗値は数十 MΩ ～無限大）になります．それ以外の状況では，素子が破壊し

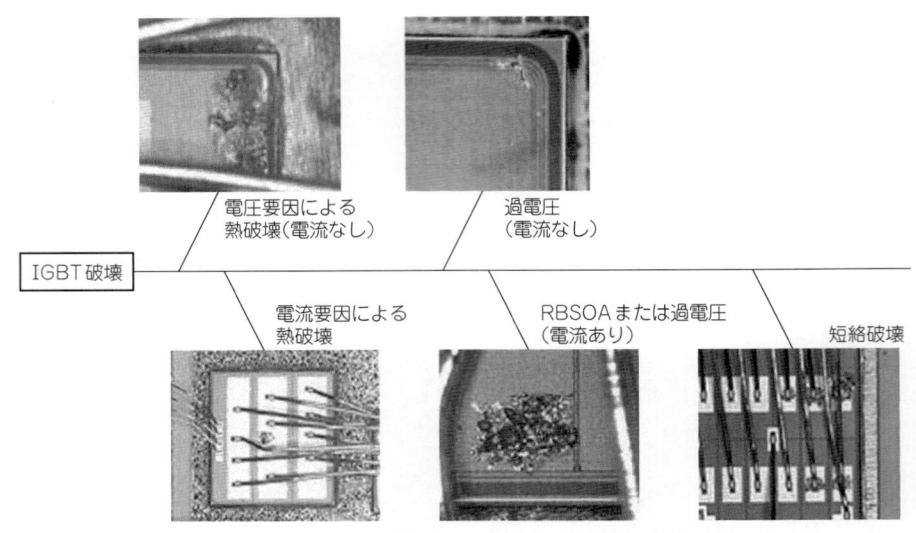

[図6-2] IGBTチップ破壊モードとチップ表面の観察結果

ている可能性があります(一般的に素子が破壊しているとゲート-エミッタ間は短絡状態になる)．

(2) コレクタ-エミッタ間のチェック

図6-5に示すように，ゲート-エミッタ間を短絡状態にし，コレクタ-エミッタ間(接続はコレクタを＋，エミッタを－にする．反対にすると，FWDに導通してコレクタ-エミッタ間が短絡する)の漏れ電流，あるいは抵抗値を測定します．

IGBTモジュールが正常であれば，仕様書に記載されたI_{CES}最大値以下の漏れ電流になります(テスタを使用する場合，数十MΩ～無限大)．それ以外の状況では，

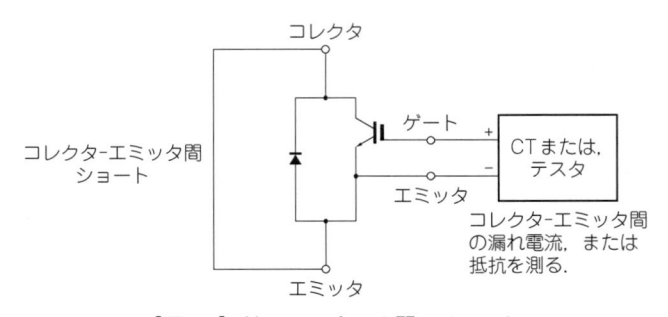

[図6-4] ゲート-エミッタ間のチェック

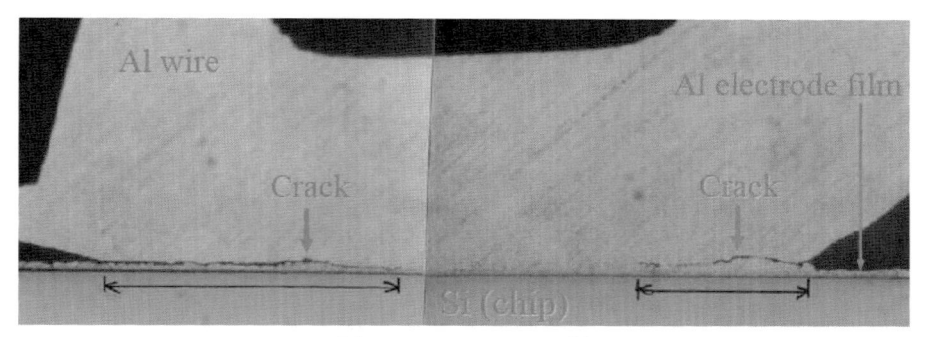

（a）アルミニウム・ワイヤ剥離

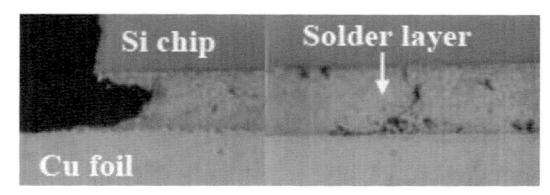

シリコン・チップ端部

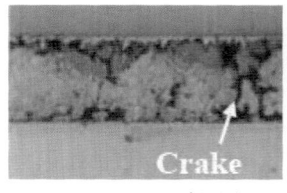

シリコン・チップ中央部 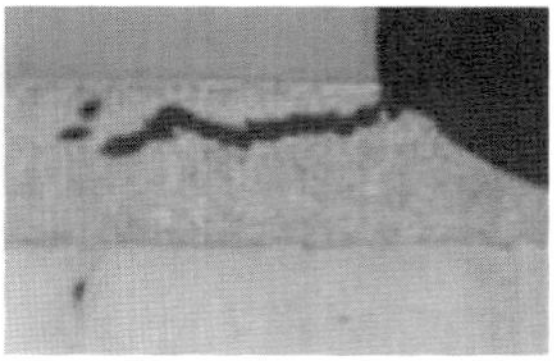　　シリコン・チップ端部

熱抵抗の増加 → 温度上昇増大

（b）Siチップ下のはんだクラック

［図6-3］熱応力による破壊

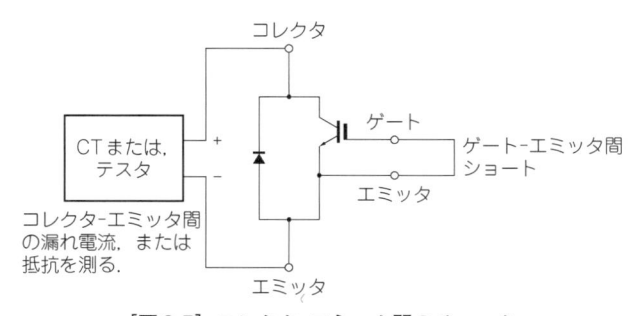

［図6-5］コレクタ-エミッタ間のチェック

素子が破壊している可能性があります(一般的に，素子が破壊しているとコレクタ-エミッタ間は短絡の状態になる)．

※ 注意

コレクタ-ゲート間の耐圧測定は，絶対に実施しないでください．コレクタとゲート間でミラー容量を形成する部分の酸化膜が絶縁破壊します．

6.2 代表的なトラブルとその対処方法

(1) ゲート-エミッタ間がオープン状態で主回路電圧を印加

ゲート-エミッタ間がオープンの状態で主回路電圧を印加すると，IGBTが勝手にONしてしまい大きな電流が流れ，素子が破壊します．この現象は，ゲート-エミッタ間がオープンの状態で主電圧を印加すると，IGBTの帰還容量C_{res}を介してゲート-エミッタ間容量に電荷が充電され，IGBTがON状態になるために起こります．したがって，必ずゲート-エミッタ間には信号を入れた状態で駆動してください．

IGBTモジュールの受け入れ試験などの際にも，ロータリ・スイッチなどの機械スイッチで信号線の切り替えを行うと，切り替え時にゲート-エミッタ間が瞬時オープンになるので，上記の現象で素子が破壊することがあります．また，機械スイッチがチャタリングする場合にも同様な期間が存在し，素子が破壊します．この破壊を防ぐためには，必ず主回路(C-E間)の電圧を0Vまで放電してからゲート信号の切り替えを行ってください．また，複数の素子(2個組以上)で構成されたIGBTモジュールにおいて，受け入れ試験などの特性試験を行う場合は，測定素子以外のゲート-エミッタ間は必ず短絡してください．

図6-6に，ON電圧の測定回路を示します．この回路による測定手順は，まずゲー

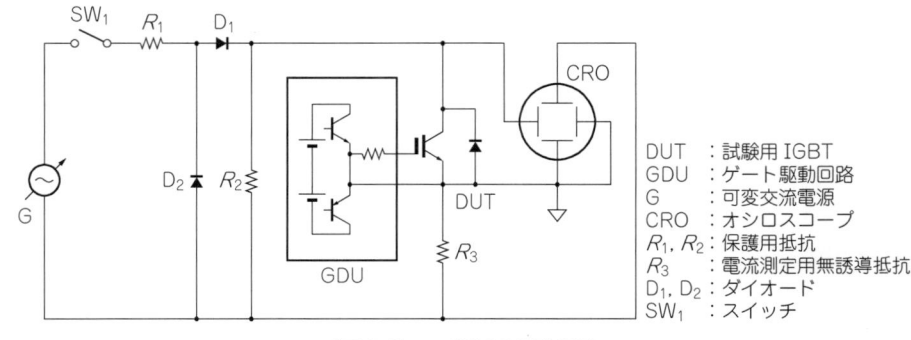

DUT ：試験用 IGBT
GDU ：ゲート駆動回路
G ：可変交流電源
CRO ：オシロスコープ
R_1, R_2 ：保護用抵抗
R_3 ：電流測定用無誘導抵抗
D_1, D_2 ：ダイオード
SW$_1$ ：スイッチ

［図6-6］ON電圧の測定回路

ト駆動回路（GDU）をOFF状態（$V_{GE}=0V$）にしてからSW$_1$をONしてC-E間に電圧を印加します．次に，GDUよりG-E間に所定の順バイアス電圧を印加してIGBTを通電させ，ON電圧を測定します．最後に，ゲート回路をオフ状態にしてSW$_1$をオフにします．

(2) 機械的な応力によるIGBTモジュールの破壊

　IGBTモジュールの端子に大きな外力や振動による応力が発生すると，IGBTモジュールの内部で断線などが起きることがあります．

　図6-7に，ゲート駆動用のプリント基板をIGBTモジュールに実装する際の例を示します．プリント基板をヒート・シンクなどに固定せずに実装すると，装置を運搬するときの振動などでプリント基板が振動し，IGBTモジュールの端子に応力が加わり，IGBTモジュールの内部電気配線の破壊などを起こします．この破壊を防ぐためには，プリント基板をヒート・シンクなどに固定します．この対策を行う際には，十分な強度のある専用の固定材などを用いてください．

　図6-8に，平行平板を用いて主回路配線を行う際の例を示します．図(a)に示すように電気配線用の＋，－の導体に段差がある場合，IGBTモジュールの端子には上向きの引張り応力が絶えずかかった状態になり，IGBTモジュール内部の電気配線の断線などを招きます．この破壊を防ぐためには，図(b)に示すように導電性の

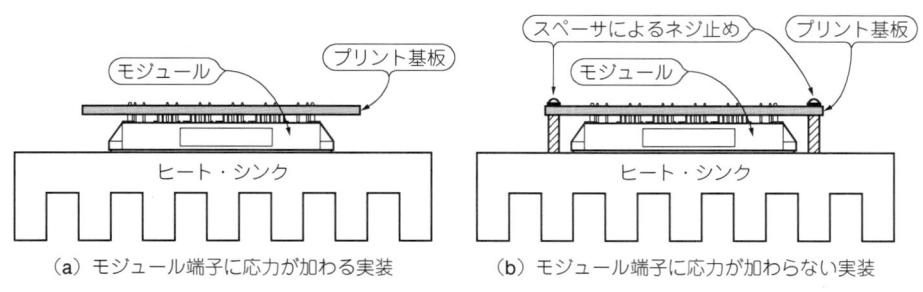

（a）モジュール端子に応力が加わる実装　　（b）モジュール端子に応力が加わらない実装

[図6-7] プリント基板の固定方法

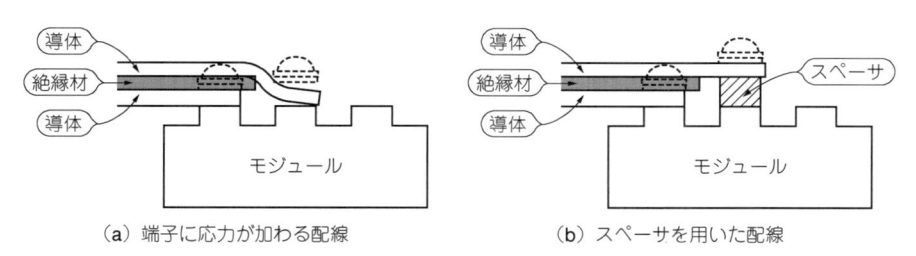

（a）端子に応力が加わる配線　　（b）スペーサを用いた配線

[図6-8] 平行平板配線を用いたときの実装

スペーサを入れて並行平板の導体の段差をなくす必要があります．また，プリント基板構造を使用する際にも配線の高さ位置のずれを起こせば，同様に端子に大きな引張り応力や外力がかかります．

(3) 逆バイアス・ゲート電圧$-V_{GE}$の不足によるIGBT誤点弧

　逆バイアス・ゲート電圧$-V_{GE}$が不足するとIGBTが誤点弧を起こし，上下アームのIGBT両方がONして短絡電流が流れることがあります．この電流を遮断したときのサージ電圧や発生損失により，IGBTモジュールが破壊する可能性があります．装置を設計する際には，必ずこの上下アーム短絡による短絡電流が発生していないことを確認してください（推奨$-V_{GE}=-15V$）．この現象が起こる原理は，第2章の図2-9を参照してください．

　上下アーム短絡電流の有無を確認する方法は，第2章の図2-8に示します．まず，インバータの出力端子(U，V，W)をオープン（無負荷）にします．次に，インバータを起動し，各IGBTを駆動させます．このとき，電源ラインから流れる電流を検出すれば，上下アーム短絡電流の有無を確認できます．もし，逆バイアス電流が十分であれば，素子の接合容量を充電する非常に微小なパルス電流（定格電流の5%程度）が測定されます．しかし，逆バイアス電圧$-V_{GE}$が不足すると，この電流が大きくなります．正確に判定するには，十分に誤点弧を起こさない$-V_{GE}$（$-15V$を推奨）でこの電流検出を行った後に，所定の$-V_{GE}$で再度，電流を測定します．両者の電流が同じ値であれば，誤点弧を起こしていないという判定方法をお勧めします．

　この対策としては，短絡電流がなくなるまで逆バイアス電圧$-V_{GE}$を増加させるか，ゲート-エミッタ間にC_{ies}の程度の容量（C_{GE}）を付加します．ただし，C_{GE}を付加する方法は，スイッチング・タイムやスイッチング損失も大きくするので，十分に使用上の問題がないかを確認してください．

　なお，上下アーム短絡電流を流す要因は，上記のdv/dt誤点弧以外にも，デッド・タイムの不足という現象があります．この現象が起きているときにも，第2章の図2-8に示す試験で短絡電流が観測されるので，逆バイアス電圧$-V_{GE}$を増加しても短絡電流が減少しない場合には，デッド・タイムを増加するなどの対策を施してください．

(4) 過渡ON状態からのダイオード逆回復（微小パルス逆回復）現象

　IGBTモジュールにはFWDが内蔵されており，このFWDの特性も十分把握して設計する必要があります．特に，微小ONパルス後の逆回復時には，大きな逆回復サージ電圧が発生することがあります．

　図6-9に，微小ONパルス後の逆回復時に発生する過大サージ電圧の発生のタイ

ミング・チャートを示します．この現象は，IGBTの駆動時にノイズなどによってゲート信号割れが起きて，図6-9に示すような非常に短いOFFパルス（T_W）が発生したときなどに，対向アーム側のFWDのC-E間に，非常に過大な逆回復サージ電圧が発生する現象です．この現象によって，IGBTモジュールの耐圧保証値を超えるサージ電圧が発生すると素子の破壊につながる可能性があります．

T_W＜1μsで，サージ電圧が急激に増加することがあります．装置の設計を行う際には，このような短いゲート信号OFFパルスが発生しないように注意してください．この現象が起こる原因は，FWDがONしてから非常に短い時間で逆回復に入るため，FWDに十分な量のキャリアが蓄積されていない状態で電圧が印加され，空乏層が急激なスピードで広がり，急峻なdi/dt，dv/dtを発生させることが原因です．

なお，T_Wが1μs以下になる運転モードがある装置においては，最小T_Wにおけるサージ電圧が素子耐圧以下になることを確認してください．もし，サージ電圧が素子耐圧を超えるときは，R_gを大きくする，回路インダクタンスを低減する，スナバ回路を強化する，C_{GE}を付加するなどのサージ電圧対策を実施してください．

図6-10に，1200V，450A　IGBT（6MBI450U4-120）の微小ONパルス時の逆回復時のダイオード逆回復波形を示します．R_gを1.0Ωから5.6Ωに大きくすることで，サージ電圧が低減されていることがわかります．

(5) 並列時の発振現象

IGBTモジュールを並列接続する際には，主回路配線の均等性が非常に重要になります．配線の均等性が取れていない場合，配線の短い素子にスイッチング時の過渡的な電流集中が起こり，IGBTモジュールの破壊をまねくことがあります．また，主回路配線の均等性を実現できていない回路では，当然その主回路インダクタンスが各素子に対してアンバランスになっており，スイッチング時のdi/dtで各配線の

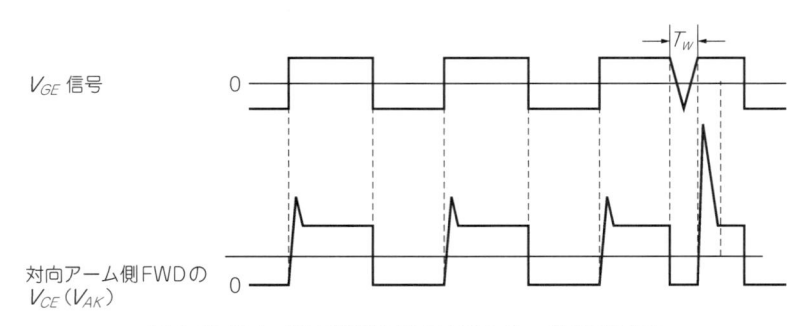

[図6-9] 微小パルス逆回復による過大サージ電圧の発生

インダクタンスにバラバラな電圧が発生し，その電圧によりループ電流などの異常発振電流が発生することで，IGBTモジュール破壊につながることがあります．

図6-11に，エミッタ部の配線インダクタンスを極端にアンバランスにした場合の振動現象を示します．これは，並列接続されたエミッタ部の配線ループに振動電流が流れ，並列IGBTの電流アンバランスによる主回路エミッタ配線の電圧がゲート電圧を振動させることで，並列IGBTが高速にON/OFFし，振動現象が発生します．

この対策として，図6-12に示すように各ゲート-エミッタ配線にコモン・モードのコアを挿入し，エミッタ部の電圧をコモン・モード・コアによりキャンセルする方法があります．図6-12の波形のように，振動が抑制されていることがわかります．

このように，主回路配線設計を行う際には，回路の均等性に十分注意してください．

(a) $R_{on}=1.0\Omega$

(b) $R_{on}=5.6\Omega$

$E_d=600V$
$I_F=50A$
$T_j=125℃$
$t_w=1\mu s$
(6MBI450U4-120)

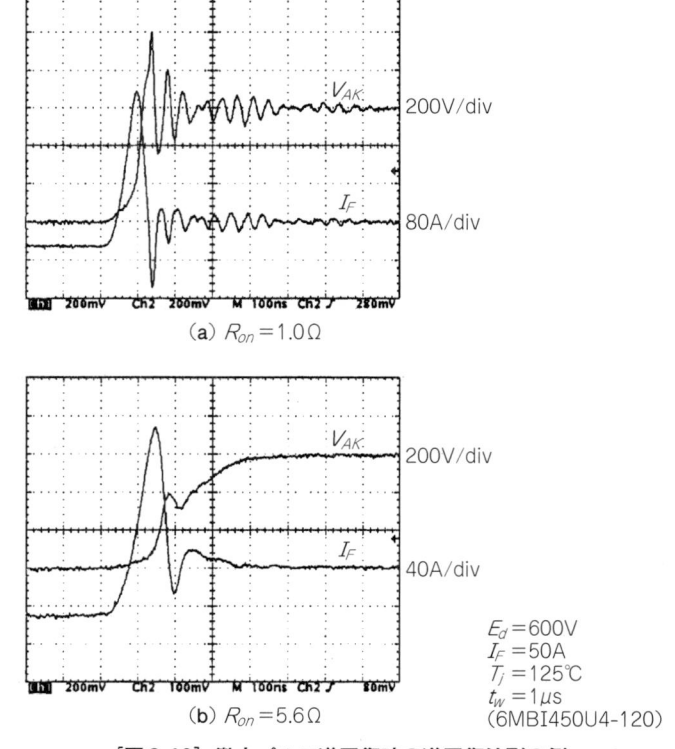

[図6-10] 微小パルス逆回復時の逆回復波形の例

(6) はんだプロセスの注意

　IGBTモジュールの端子に，ゲート駆動回路や制御回路をはんだ付けするとき，はんだ温度が過大になると，ケース樹脂材料が溶けるといった不具合が発生します．仕様書に，端子はんだ付け時の耐熱試験項目がありますので，この条件を超えるはんだプロセスでの組み立ては行わないようにしてください．一般的なIGBTモ

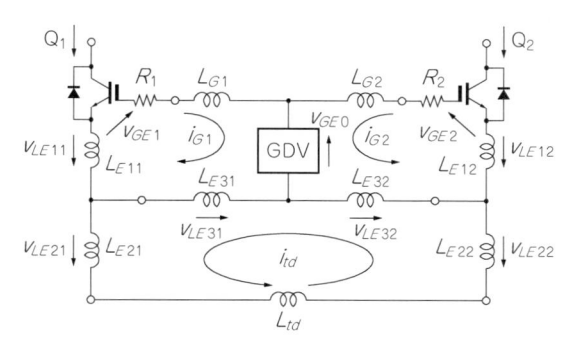

（a）配線インダクタンスを考慮した並列時の等価回路

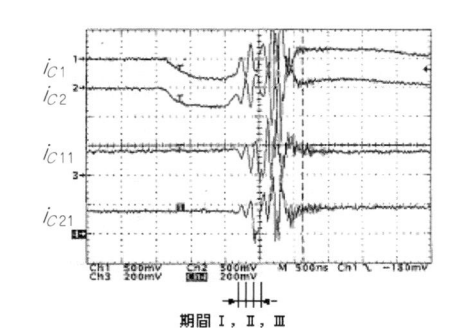

i_{C1}, i_{C2} : 5A/div, i_{C11}, i_{C21} : 100A/div, t : 0.5μs/div, E_d=600V

（b）1200V/300A　IGBT波形

配線インダクタンス L_{E21}, L_{E22} に発生する電圧が，ゲート電圧に加わり振動を発生する

$$v_{LE21} = v_{LE31} + v_{LE32} = L_{E31}\frac{di_N}{dt} + L_{E31}\frac{di_N}{dt} \quad \cdots\cdots (6\text{-}1)$$

$$v_{GE1} = v_{GE} + v_{LE31} = v_{GE} + v_{LE21}\frac{L_{E31}}{L_{E31}+L_{E32}} \quad \cdots\cdots (6\text{-}2)$$

$$v_{GE2} = v_{GE} + v_{LE32} = v_{GE} - v_{LE21}\frac{L_{E32}}{L_{E31}+L_{E32}} \quad \cdots\cdots (6\text{-}3)$$

[図6-11] 電流アンバランスが発生する場合の並列IGBT波形

6.2　代表的なトラブルとその対処方法 | 149

ジュールの仕様書に記載されている端子耐熱性の試験条件を以下に示します．

　　はんだ温度：260±5℃
　　投入時間　：10±1秒
　　回数　　　：1回

(7) IGBTモジュールのコンバータ部への適用

　IGBTモジュール内に使用されているダイオードには，定格I^2tがあります．定格I^2tとは，持続時間の非常に短い電流パルス(10ms未満)について，順方向の非繰り返しの過電流容量を示します．Iは実効電流で，tはパルスの持続時間を示します．

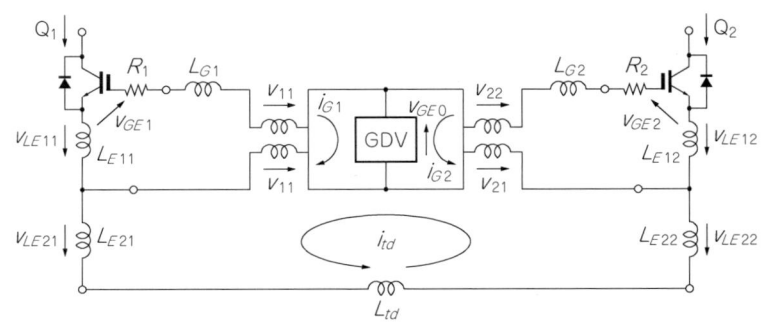

（a）コモン・モード・コアを挿入したときの等価回路

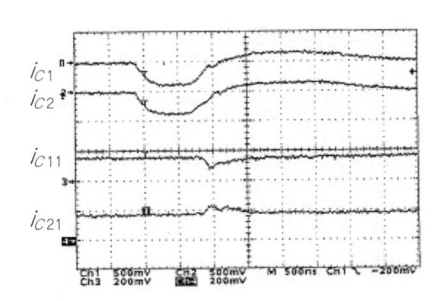

i_{C1}, i_{C2}：5A/div，i_{C11}, i_{C21}：100A/div，t：0.5μs/div，E_d＝600V

（b）1200V/300A　IGBT波形

> コモン・モード・コアによりゲート
> 電圧に印加される発生電圧$v_{11}-v_{21}$，
> $v_{21}-v_{22}$ がキャンセルされる
>
> $v_{GE1}=v_{GE}+v_{11}-v_{21}$……(6-5)
> $v_{GE2}=v_{GE}+v_{21}-v_{22}$……(6-6)

［図6-12］ゲート-エミッタ間にコアを挿入した場合の並列IGBT波形

整流回路(またはコンバータ回路)などに使用する場合には，起動時にラッシュ電流が流れますが，この電流を定格I^2t以下で設計する必要があります．また，I^2t定格を超える場合には，例えば抵抗とコンタクタを並列に接続した起動回路を，交流電源と整流回路間に接続するなどの対策をする必要があります．

(8) パワー・サイクル寿命

IGBTモジュールには，図6-13に示すようなパワー・サイクル寿命があります．パワー・サイクルには，ΔT_jパワー・サイクルとΔT_cパワー・サイクルがあります．ΔT_jパワー・サイクルは，図6-13に示すように接合部温度を比較的短い時間の周期で上昇，下降させる動作で，主にアルミ・ワイヤ接合およびシリコン・チップ下はんだ部の寿命を表します．

ΔT_jが100℃以上では，シリコン・チップとアルミ・ワイヤの膨張係数差によって発生するせん断応力により接合界面に亀裂が発生する破壊が支配的です．ΔT_jが80℃以下では，シリコン・チップと絶縁基板の線膨張係数差によって発生するせん断ひずみによりはんだ接合部に亀裂が発生し，この亀裂の進展により接合部温度が上昇し破壊する現象が支配的です．

一般的な使用条件では，ΔT_jが80℃以下の比較的低い温度領域で使用されるため，パワー・サイクル寿命を向上させるためには，はんだの接合部の長寿命化が重要になります．現在は，機械的特性および濡れ性の優れたSnAg系鉛レスはんだを使用し，パワー・サイクルの長寿命化を図っています．

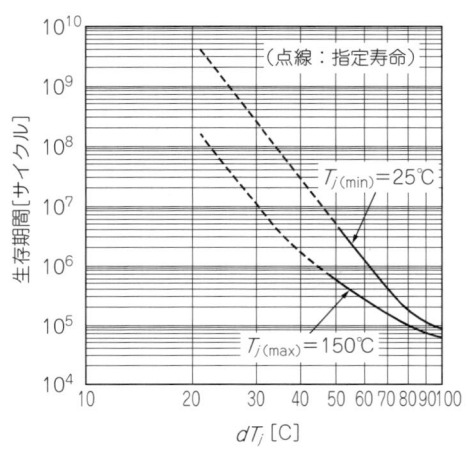

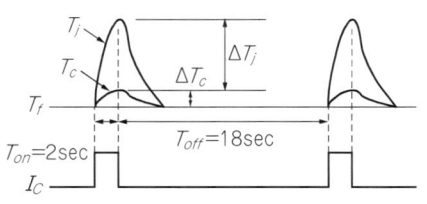

ΔT_jパワー・サイクル通電パターンおよび温度推移

(1) 故障判定基準は，試験素子がオープンもしくはショートになった時点．
(2) 寿命曲線中の耐量データは，ワイブル解析で故障率1%時のデータを示す．
(3) 寿命曲線中の耐量データは，複数型式の結果を示す．

[図6-13] ΔT_jパワー・サイクル耐量

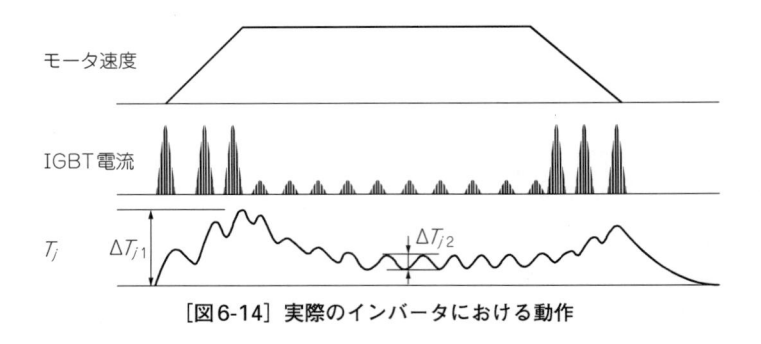

[図6-14] 実際のインバータにおける動作

　装置における寿命設計は，使用される装置の運転状態でΔT_jを計算し，そのΔT_jからパワー・サイクル寿命を求め，そのパワー・サイクル寿命が装置寿命より十分に長いことを確認します。

　たとえば，図6-14に示すようなモータの加速，停止が頻繁に起こる装置においては，加速時の最大接合部温度T_jと停止時の接合部温度T_jの差がΔT_jとなります。この図のΔT_{j1}のパワー・サイクル耐量f_1が，装置の寿命より十分長くなるように設計します。

　また，この加速・停止運転に，低速運転（たとえば0.5Hz）に低速運転の温度リプルΔT_{j2}が重畳される場合には，0.5Hz時での温度リプルΔT_{j2}からパワー・サイクル寿命f_2を求め，以下の式で合成のパワー・サイクル寿命f_tを求めます。

$$f_t = \frac{f_1 \cdot f_2}{f_1 + f_2}$$

　そして，この合成パワー・サイクル寿命f_tが，装置の寿命よりも長いことを確認します。

パワー・デバイスIGBT活用の基礎と実際

第7章
インテリジェント・パワー・モジュールIPM

　パワー・デバイスは，使いやすさと性能の向上を求めてディスクリート・デバイスからスタンダード・モジュール製品へと進化しましたが，さらにドライブ回路や各種保護回路を内蔵して扱いやすくしたインテリジェント・パワー・モジュール(IPM)が使用されるようになっています．**写真**7-1に，一般的なIPMの外観を示します．

　図7-1に示したのは一般的なモータ可変速装置(インバータ)のブロック図ですが，図中のⒶ部はスタンダード・モジュールの機能範囲を示し，Ⓑ部がIPMの機能範囲を示します．

7.1　IPMの特徴

　IPMを使用する利点としては，装置の小型化，安定動作と高い信頼性，デバイス性能の発揮，装置設計リード・タイムの短縮などが挙げられます．

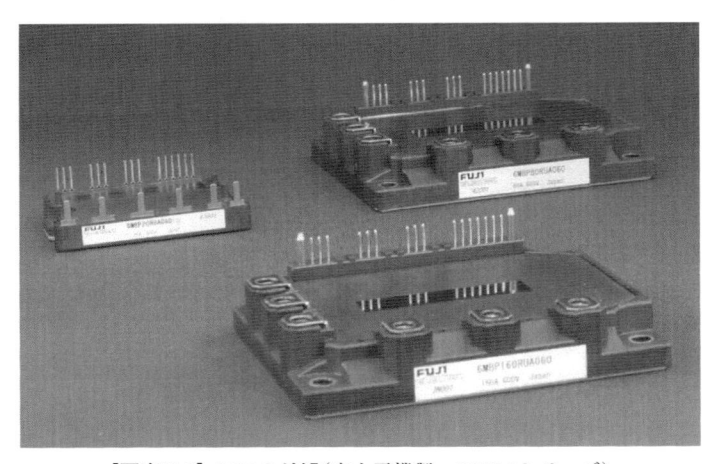

[写真7-1] IPMの外観(富士電機製，R-IPMシリーズ)

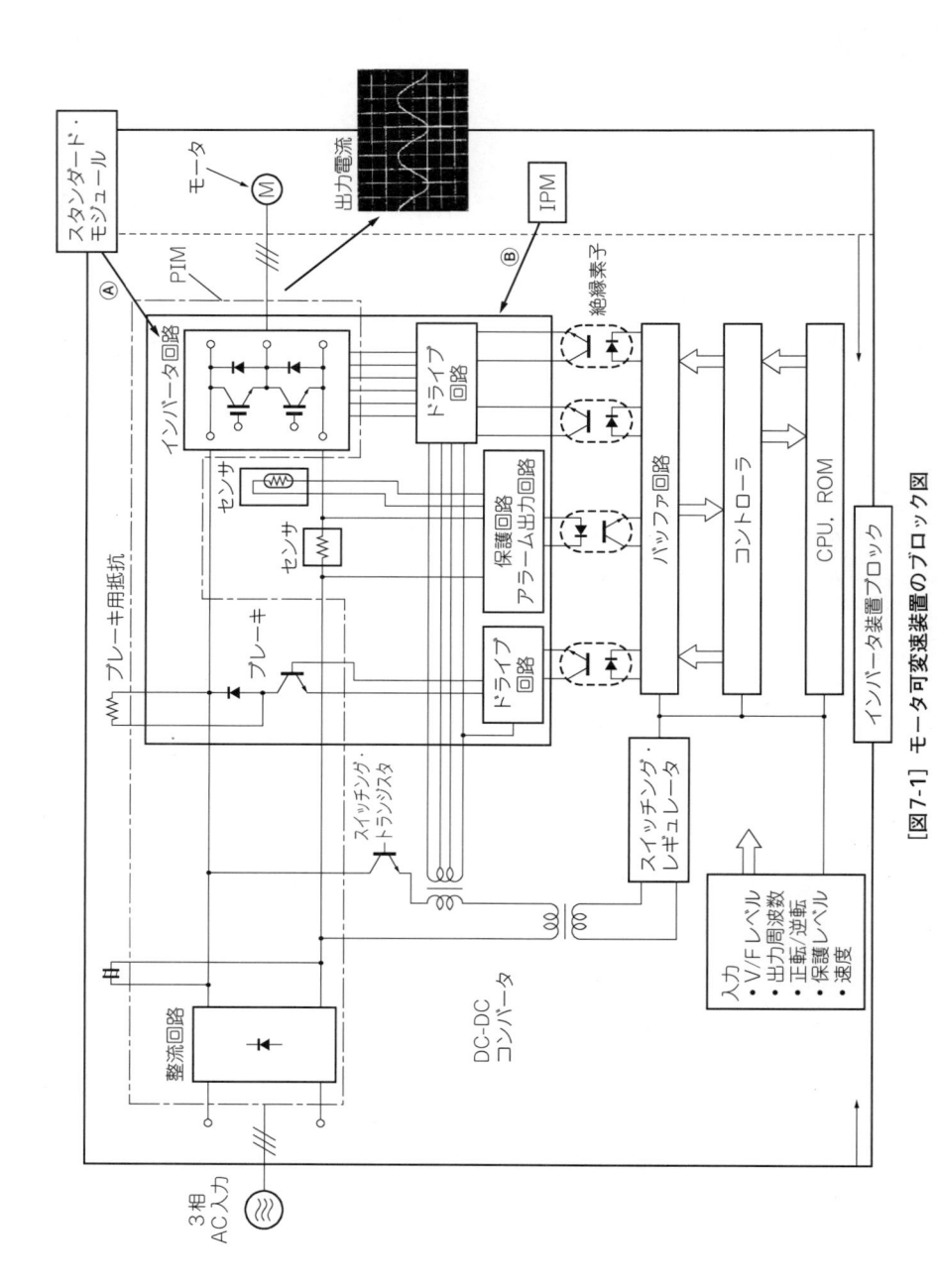

[図7-1] モータ可変速装置のブロック図

(1) 装置の小型化

　IPMの内部で使用されるドライブ機能や各種保護機能は，一般的に専用のモノリシックICに集約されています．そのため，スタンダード・モジュールを使用して装置側のプリント基板上に構成する場合と比較してコンパクトな構成が可能になります．また，IGBTに最適なドライブ回路を設計することによって，IGBTチップのOFF状態を維持するための逆バイアス電源が不要となり，装置の省スペース化や小型化が図れます．

(2) 安定動作と高い信頼性

　IPMはIGBT，FWD，制御ICを含めたトータルな設計をデバイス・メーカが行っているため，スイッチング・デバイスとして安定した動作が実現されています．また，各種保護機能を内蔵することにより，運転中に発生した異常動作時においても，装置を破壊しにくい高い信頼性を実現しています．

(3) デバイス限界損失性能の発揮

　IPMは，短絡保護機能を搭載することにより，IGBTの特性を十分に引き出すことが可能になっています．IGBTチップの特性は，図7-2に示すようにON電圧，ターンオフ損失，短絡耐量の間にはトレードオフの関係があります．

　スタンダード・モジュールの場合は，ドライブ回路，短絡保護回路を装置側で構成しなければならないため，IGBTチップを設計する際に装置側の短絡保護動作の遅れなどを考慮した一定の短絡破壊耐量を確保しなければなりません．そのため，図7-2のトレードオフのバランスを取った設計が必要になります．一方，IPMの場合は，短絡保護機能を内蔵しているため，IPM内で短絡保護動作の高速化を図ることにより，IGBTチップのON電圧，ターンオフ損失のトレードオフ性能を限界まで引き出すことが可能になるため，特性的に非常に優位になります．

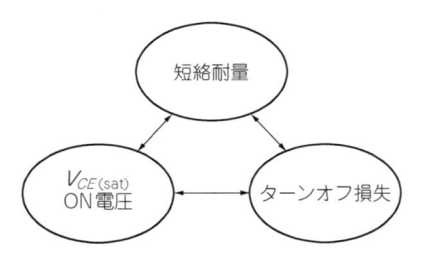

[図7-2] IGBTチップのトレードオフの関係

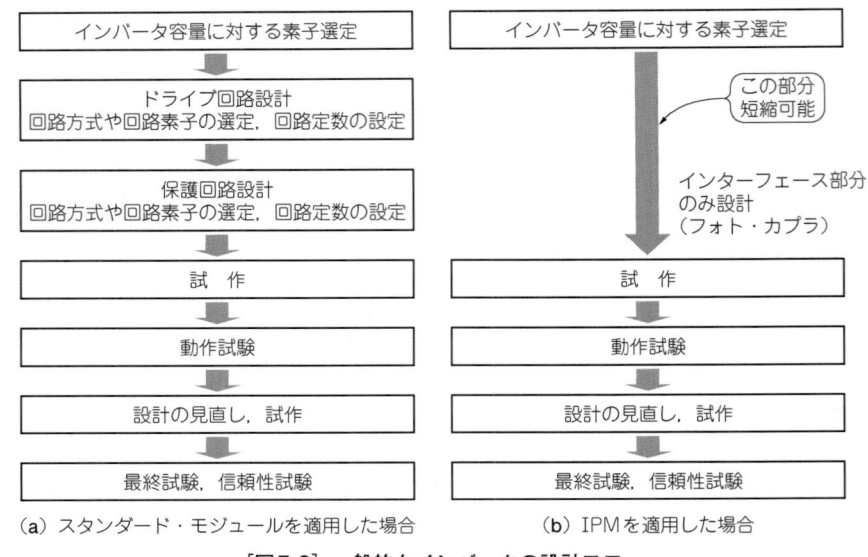

[図7-3] 一般的なインバータの設計フロー

(a) スタンダード・モジュールを適用した場合
(b) IPMを適用した場合

(4) 装置設計のリード・タイムの短縮

IPMにはIGBT駆動機能や保護機能がすでに内蔵されているため，装置を設計するリード・タイムの短縮を図ることができます．**図7-3**に，一般的なインバータ装置の設計フローを示します．

この図を見るとわかるように，IPMを適用した場合は，設計トラブルが発生しやすいIGBTドライブ回路や保護回路の設計が不要になるため，装置の設計に要する時間の短縮が可能になります．

7.2　IPMの機能

次に，富士電機製のR-IPMシリーズを例として，IPMの機能を説明します．**図7-4**に，IPMの概略回路ブロック図を示します．内部回路はパワー部と制御回路部で構成され，パワー部は電力変換用スイッチング・デバイスのIGBT，FWDで構成されています．

また，制御部は，使用するIGBTに最適に設計されたMICとノイズ・フィルタ用のコンデンサ，各種抵抗などの電子部品により構成されています．

[図7-4] IPMの概略ブロック図（富士電機製、R-IPMシリーズ）

7.2 IPMの機能 | 157

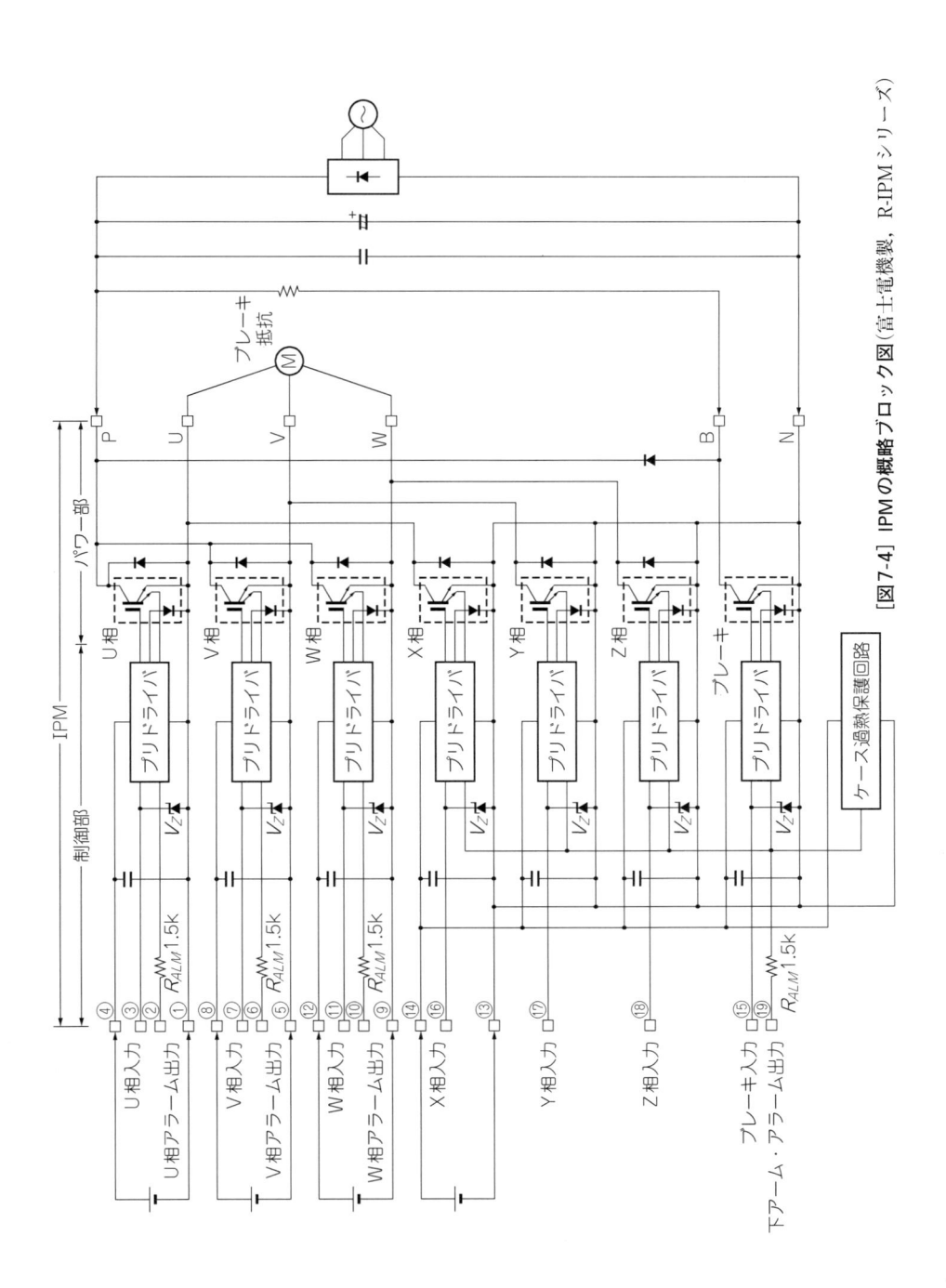

● パワー部の特徴
(1) 3相インバータ用IGBT，FWD
　図7-4のパワー部に示すように，3相インバータ用IGBTおよびFWDを内蔵し，IPM内部で3相ブリッジ回路を構成しています．P，N端子に主電源を，U，V，W端子にモータに接続する3相出力線を接続すれば，主配線は完成します．
(2) ブレーキ用IGBT，FWD
　図7-4に示すように，回生時にダイナミック・ブレーキ動作が必要になる用途の場合，ブレーキに使用されるIGBT，およびFWDを内蔵し，IGBTのコレクタ部がB端子として外部に出力されています．
　ブレーキ抵抗をP-B端子間に接続して，ブレーキ用IGBTを制御することで，減速時の回生エネルギーを消費し，P-N端子間の電圧上昇を抑えることができます．
(3) IPM用IGBTチップの特徴
　IPM用のIGBTチップはスタンダード・モジュール用とは異なり，ゲート端子の他に，コレクタ電流をモニタするための電流センス回路とチップ温度モニタ用の温度センス回路を内蔵しています．
　図7-5に，IPM用IGBTチップの外観例を示します．主電流を流すためのエミッタ部とコレクタ電極があります．また，ゲート信号入力，電流センス/温度センス出力用の電極が設けられています．上記のセンス回路と制御ICを接続することで，各種保護回路を構成しています．

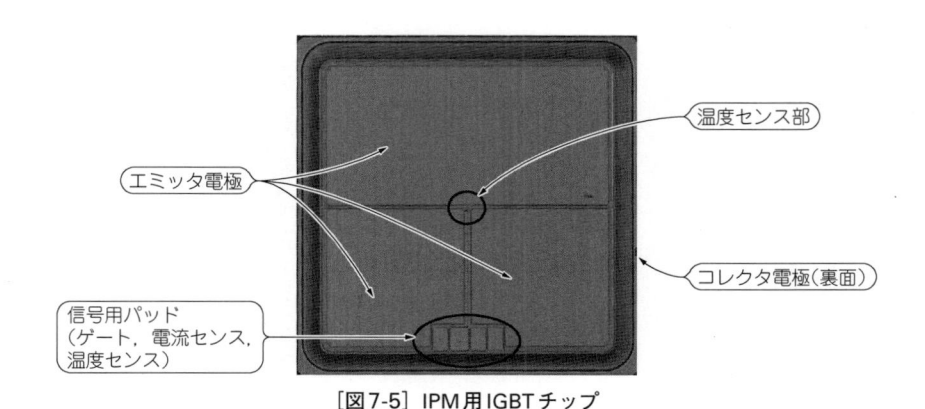

[図7-5] IPM用IGBTチップ

● 制御部（IGBT駆動，保護機能）の特徴

図7-6に，プリドライバのブロック図を示します．IPMはIGBTの駆動機能を内蔵しているので，フォト・カプラ出力をIPMに接続すれば，ゲート抵抗などのドライブ回路の設計を外部で実施する必要がなく，IGBTを駆動することができます．

(1) ドライブ機能

ターンオンとターンオフのそれぞれに独立した専用のゲート抵抗を内蔵しています．これにより，ターンオン，ターンオフのスイッチング・スピード（di/dt, dv/dt）を独立にコントロールできるため，素子の特性を十分に発揮する最適設計がなされています．

(2) 誤ターンオン防止機能

オフ信号入力状態時に，IGBTのゲート部を低インピーダンスでエミッタ部に接続する回路を設けているため，外来ノイズまたはFWD逆回復時のIGBTゲートへの電荷チャージなどで，ゲート電圧V_{GE}が上昇して誤ってONすることを防止する回路が内蔵されています．

(3) ソフト遮断機能

過電流・短絡保護などの電流遮断時にゲート電圧を緩やかに低下させ，遮断電流スピード（di/dt）を抑制することで，電流遮断時に発生するサージ電圧で素子を破壊することを防止します．

(4) 逆バイアス電源が不要

IPMは，ドライブ回路とIGBT間の配線を最適化することにより，配線インピーダンスを低減し，スタンダード・モジュールのドライブ回路とは異なり，逆バイアス電源なしで駆動が可能となっています．

● 保護動作時の出力OFF動作

各種の保護回路が動作しているときは，IPMの外部からON信号が入力されても，IGBTはOFF状態を維持します．

(1) 過電流保護機能（OC）

IGBTチップに内蔵されている電流センス回路に流れるセンス電流を制御回路に取り込み，IGBTに流れる主電流を検出します（センス抵抗に発生する電圧を検出）．

過電流保護レベル（I_{oc}）を約5μs期間連続して超えると，IGBTをソフト遮断します．フィルタを設けることで，ノイズによる誤動作を防止しています．

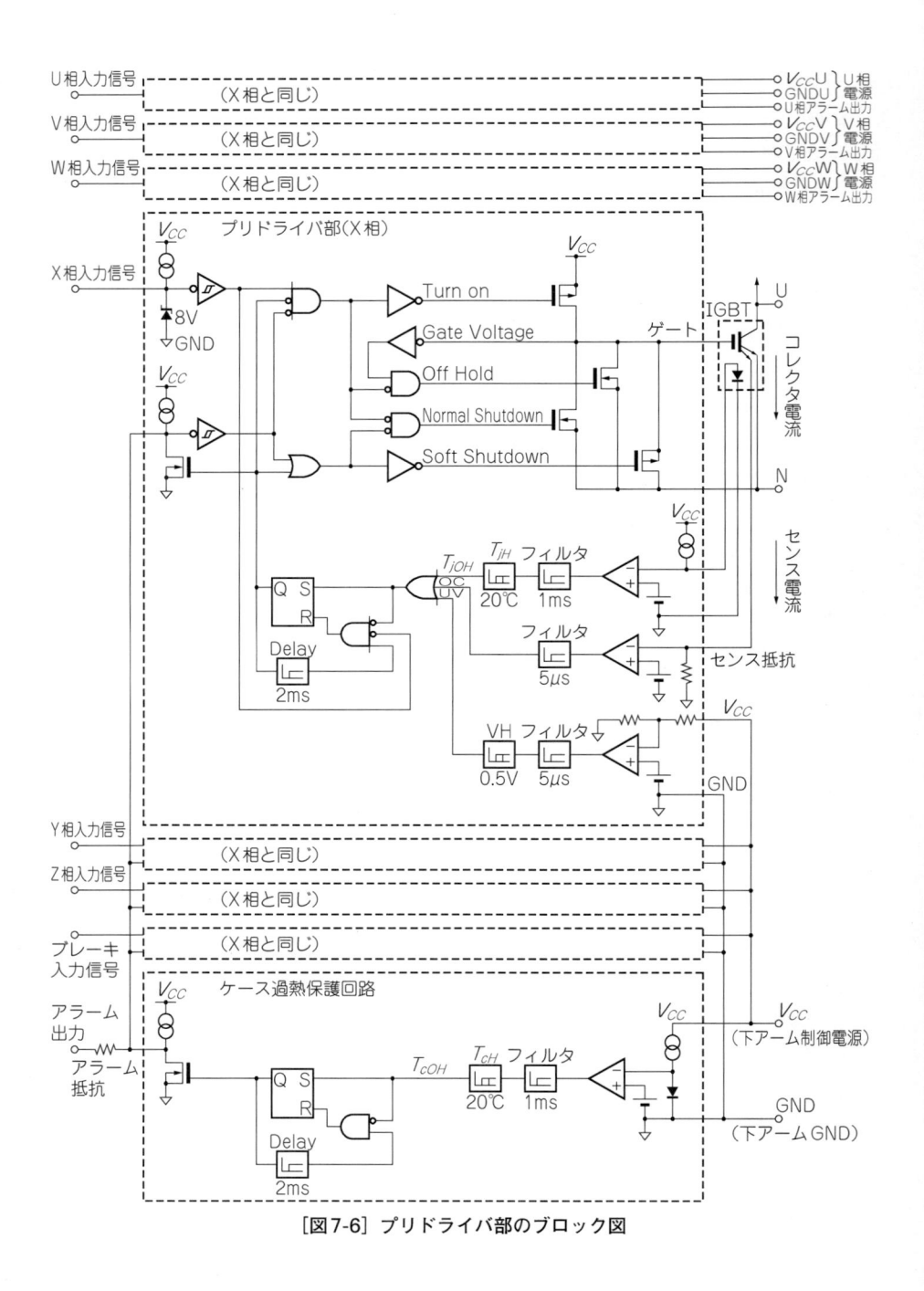

[図7-6] プリドライバ部のブロック図

160　第7章　インテリジェント・パワー・モジュールIPM

(2) 短絡保護機能(SC)

　負荷短絡やアーム短絡時のピーク電流を抑制します．OCと同様にセンス電流を検出します．

(3) IGBTチップ温度過熱保護機能

　チップ温度過熱保護機能は，全IGBTチップに設けられた温度検出素子により，IGBTチップ温度を検出し，検出温度が保護レベル(T_{jOH})を約1ms以上連続して超えると，IGBTをソフト遮断します．

　ヒステリシスT_{jH}を設けてあるので，約2ms経過後にT_jが$T_{jOH}-T_{jH}$を下回り，かつ入力信号がオフならアラームは解除されます．

(4) ケース温度過熱保護機能

　ケース温度過熱保護機能は，パワー・チップ(IGBT，FWD)と同一の絶縁基板上に設けられた温度検出素子により絶縁基板温度を検出し，検出温度が保護レベルT_{cOH}を約1ms以上連続して超えると，IGBTをソフト遮断します．ヒステリシスT_{cH}を設けてあるので，約2ms経過後にT_cが$T_{cOH}-T_{cH}$を下回ると，アラームは解除されます．

(5) 制御電源電圧低下保護機能(UV)

　UV保護機能は，制御電源電圧(V_{CC})が約5μs期間連続してV_{UV}を下回ると，IGBTをソフト遮断します．ヒステリシスV_Hを設けてあるので，約2ms経過後にV_{CC}が$V_{UV}+V_H$以上に復帰して，入力信号がOFFなら，アラームは解除されます．

(6) アラーム出力機能(ALM)

　保護機能が働くと，アラーム出力端子は各基準電位GNDに対し導通します．オープン・コレクタ出力で，フォト・カプラを直接駆動できる能力があり，直列に1.5kΩの抵抗を内蔵しています．

　保護機能が働くと，アラーム信号を約2ms期間(t_{ALM})持続して出力します．アラーム要因が解消され，t_{ALM}以上が経過し，かつ入力信号がOFFの場合にアラームは解除されます．要因がT_{cOH}の場合は，入力信号に無関係で解除されます．下アーム側の各ドライブ回路のアラーム端子は相互に接続されているため，いずれかのIGBTがアラームを出力すると，ブレーキを含む下アーム側の全IGBTが停止します．

　保護動作時のIGBTのアラーム信号の真理値表を，**表7-1**に示します．上アーム相は上アームが内蔵している保護回路が動作した場合，IGBTはOFF状態となり，各相のアラーム出力はLレベルとなります．

　下アームの場合は，下アームの特定相の保護回路が動作した場合，保護動作した

[表7-1] IGBTのアラーム信号の真理値表

	Fault	IGBT U相	IGBT V相	IGBT W相	IGBT "L"側	アラーム出力 ALM-U	アラーム出力 ALM-V	アラーム出力 ALM-W	アラーム出力 ALM
U相"H"側	OC	OFF	*	*	*	L	H	H	H
U相"H"側	UV	OFF	*	*	*	L	H	H	H
U相"H"側	T_{jOH}	OFF	*	*	*	L	H	H	H
V相"H"側	OC	*	OFF	*	*	H	L	H	H
V相"H"側	UV	*	OFF	*	*	H	L	H	H
V相"H"側	T_{jOH}	*	OFF	*	*	H	L	H	H
W相"H"側	OC	*	*	OFF	*	H	H	L	H
W相"H"側	UV	*	*	OFF	*	H	H	L	H
W相"H"側	T_{jOH}	*	*	OFF	*	H	H	L	H
"L"側	OC	*	*	*	OFF	H	H	H	L
"L"側	UV	*	*	*	OFF	H	H	H	L
"L"側	T_{jOH}	*	*	*	OFF	H	H	H	L
ケース温度	T_{cOH}	*	*	*	OFF	H	H	H	L

*：入力に依存

相以外に下アームの他相においても，IGBTはOFF状態となります．また，アラーム出力はLレベルになります．

7.3　IPMに内蔵されている保護機能のタイミング・チャート

● 過電流保護（OC）

　IPMに内蔵されている保護機能のブロック図を，図7-6に示します．過電流保護機能（OC）は，インバータ装置などの出力電流が過負荷状態となった場合にIGBTチップを保護する機能です．IGBTには電流センス回路が付いており，コレクタ電流の数千から数万分の1を分流させた電流を電流センス用抵抗に流し，その電圧からコレクタ電流を検出します．

　過電流保護レベルは，一般的には素子定格電流の1.5倍以上に設定されます．また，電流の遮断は大電流遮断時に発生するサージ電圧を考慮して通常スイッチング動作とは異なり，遮断スピードを遅くしたソフト遮断を行います．

　過電流保護の具体的な動作タイミング・チャートを，図7-7に示します．
①の動作
　I_C（コレクタ電流）がI_{oc}（過電流保護動作レベル）を上回ってからt_{doc}（フィルタ時間）が経過した後にアラーム出力し，IGBTをソフト遮断します．

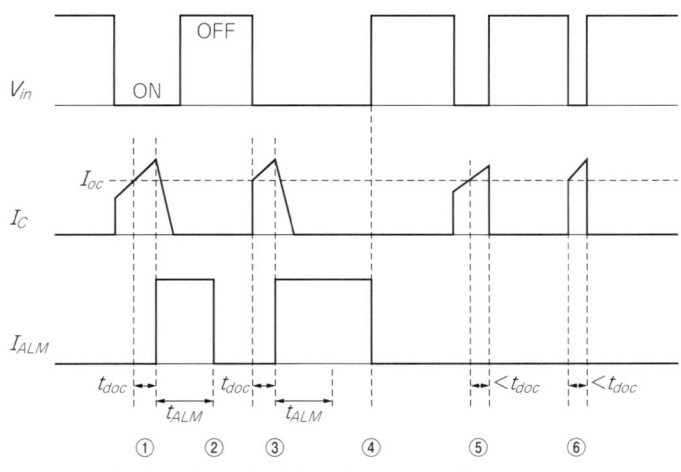

[図7-7] 過電流保護の動作タイミング・チャート

②の動作
t_{ALM}（アラーム出力保持時間）が経過した後にV_{in}がOFFになったときは，OCとアラームは同時に復帰します．
③の動作
I_C（コレクタ電流）がI_{oc}（過電流保護動作レベル）を上回ってからt_{doc}が経過した後にアラーム出力し，IGBTをソフト遮断します．
④の動作
t_{ALM}が経過した後にV_{in}がONになったときは，OCは復帰しません．OFF信号入力時に，OCとアラームは同時に復帰します．
⑤，⑥の動作
I_CがI_{oc}を上回った後，t_{doc}が経過する前にV_{in}がOFFになると保護機能が働きません．IGBTは，通常の遮断をします．

● 短絡保護（SC）
　もし，インバータ装置に短絡事故が発生すると，装置内のデバイスに過大な短絡電流が流れます．この短絡電流からIGBTを保護するため，IPMには短絡保護機能が内蔵されています．
　短絡事故のような場合は過負荷の動作とは異なり，デバイスに大きなエネルギー

が印加されるので,短絡保護としては短絡電流値を抑制すると同時に,短時間の遮断動作が必要になります.

このときの具体的な動作タイミング・チャートを,**図7-8**に示します.

①の動作

I_C が流れ始めた後に負荷短絡が発生し I_{sc} を超えると瞬時に I_C ピークを抑制します.t_{doc} が経過した後にアラームを出力しIGBTをソフト遮断します.

②の動作

t_{ALM} が経過したときに V_{in} がOFFになったときは,SCとアラームは同時に復帰します.

③の動作

I_C が流れ始めると同時に負荷短絡が発生し,I_{sc} を超えると瞬時に I_C ピークを抑制します.t_{doc} が経過した後にアラームを出力しIGBTをソフト遮断します.

④の動作

t_{ALM} が経過したときに V_{in} がONになったときは,SCは復帰しません.OFF信号入力時にSCとアラームは同時に復帰します.

⑤,⑥の動作

I_C が流れ始めた後に負荷短絡が発生し,I_{sc} を超えると瞬時に I_C ピークを抑制します.その後,t_{doc} が経過する前に V_{in} がOFFになると保護動作は働かず,IGBTは通常の遮断をします.

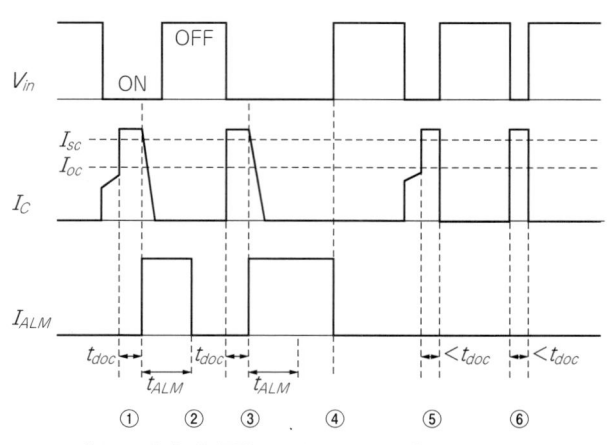

[図7-8] 短絡保護の動作タイミング・チャート

● ケース過熱保護機能

　ケース過熱保護機能は，装置側の放熱が悪化するなどの異常が発生した場合に対処するため，IPMの放熱ベース温度をモニタし，設定温度を超えた場合に保護する機能です．

　このときの具体的な動作タイミング・チャートを，図7-9に示します．

①の動作

　ケース温度T_cが約1msの期間継続してT_{cOH}(保護動作温度)を超えるとアラームを出力し，V_{in}がONの場合は下アーム側の全IGBTがソフト遮断します．

②の動作

　t_{ALM}が経過する前に$T_{cOH}-T_{cH}$以下に復帰すると，t_{ALM}が経過したときにアラームが復帰します．

③の動作

　T_cが約1msの期間継続してT_{cOH}を超えるとアラームを出力します(V_{in}がOFF時)．

④の動作

　t_{ALM}が経過したときに$T_{cOH}-T_{cH}$以下に復帰していない場合は，アラームは復帰しません．t_{ALM}が経過した後に$T_{cOH}-T_{cH}$以下に復帰するとアラームが復帰しません．

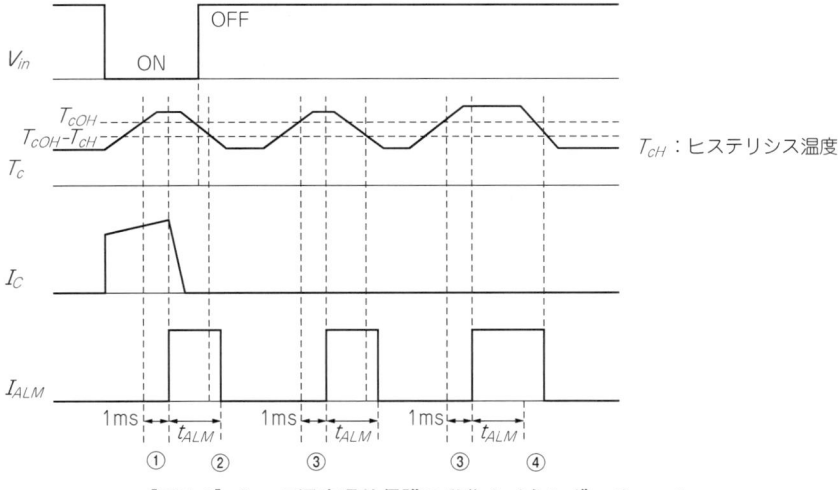

[図7-9] ケース温度過熱保護の動作タイミング・チャート

7.3　IPMに内蔵されている保護機能のタイミング・チャート

● IGBTチップ過熱保護機能（OH）

　最近のIPMは，IGBTチップの過熱保護機能を内蔵しています．**図7-10**に従来のIPMの内部を示します．従来のIPMの過熱保護は，放熱ベースの温度をモニタし，あるレベルに到達すると保護を動作させる方式でしたが，**図7-11**に示すようにモータ・ロック動作のような特定素子に電流が集中して流れる場合は，**図7-12**に示すようにIGBTチップ温度が急激に上昇するため，放熱ベースの温度モニタでは検出スピードに追随できず，チップが破壊する場合があります．したがって，保護の信頼性を上げるためにはIGBTチップ温度を直接モニタすることが必要になっています．

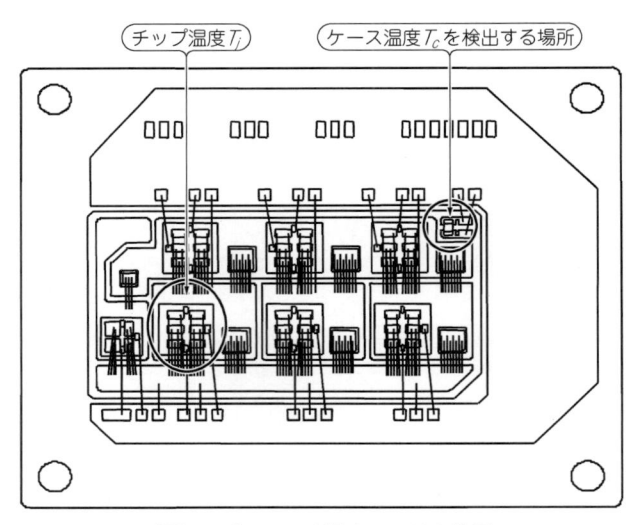

［図7-10］IGBTの温度センサの位置

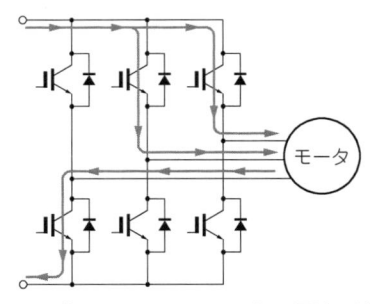

［図7-11］モータ・ロック動作の電流の流れ

図7-5に示したように，温度センサは各IGBTチップに設置されており，温度をモニタするために最適なチップのほぼ中央部に配置されています．
　また，回路概略を図7-13に示します．温度センサとしてダイオードを用い，それに一定電流を流しV_Fをモニタすることで温度を検出し，保護設定温度となった場合，保護動作を行います．
　図7-14に，出力電流とIGBTチップ上の温度センス・ダイオードのV_Fの波形を示します．出力電流がV_Fを観測しているIGBTチップに主に流れている期間にチップ温度が上昇し，その結果，V_Fが低下しているのがわかります．具体的な動作タイミング・チャートを図7-15，図7-16に示します．

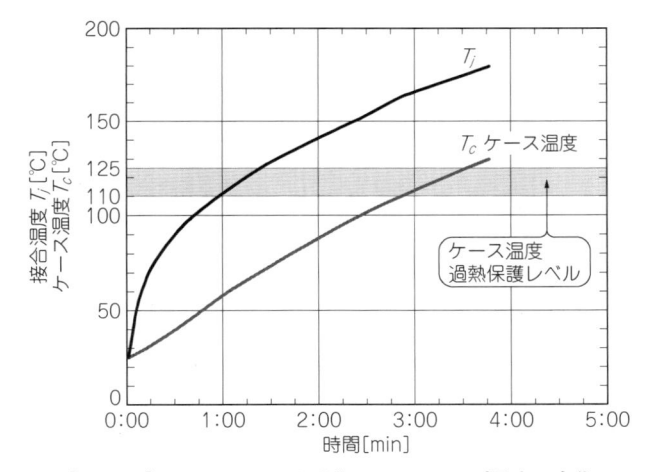

[図7-12] モータ・ロック動作のIGBTチップ温度の変化

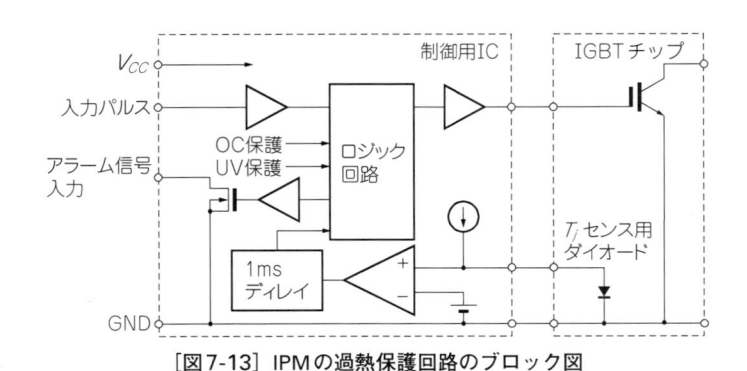

[図7-13] IPMの過熱保護回路のブロック図

7.3　IPMに内蔵されている保護機能のタイミング・チャート　　**167**

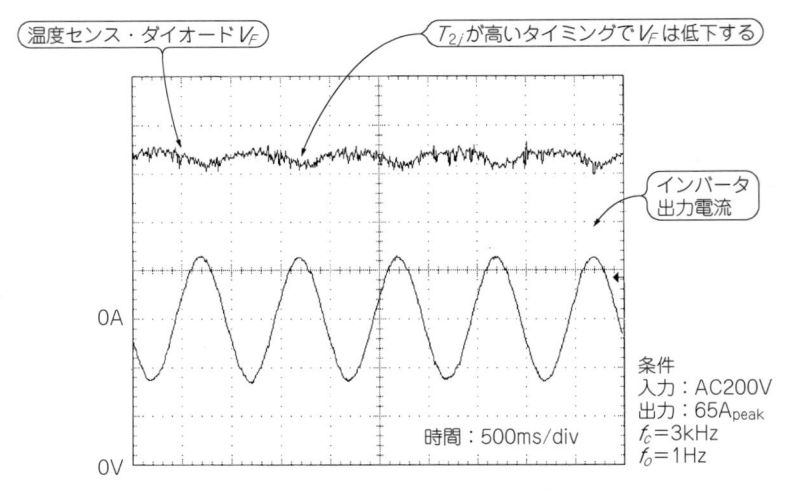

[図7-14] インバータ出力電流とIGBTチップの温度センサの出力波形

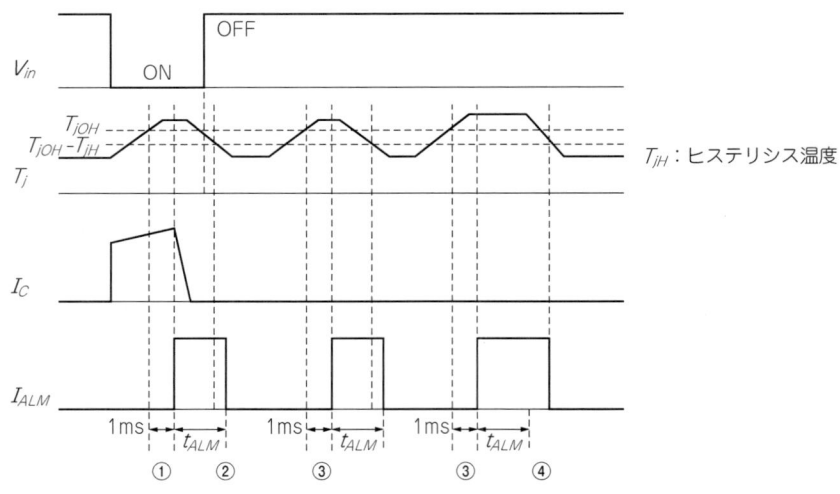

[図7-15] IGBTチップ過熱保護の動作タイミング・チャート①

図7-15の動作モードについて，以下に説明します．

①の動作

T_j（IGBTチップ温度）が約1ms継続してT_{jOH}（過熱保護動作温度）を超えるとアラームが出力し，IGBTをソフト遮断します．

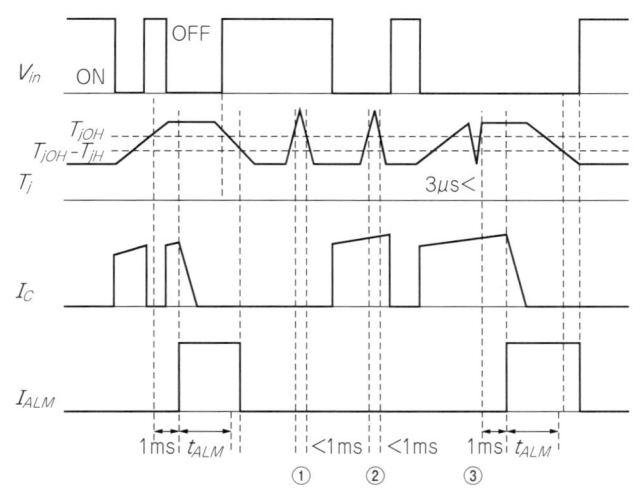

[図7-16] IGBTチップ過熱保護の動作タイミング・チャート②

②の動作
　t_{ALM}（アラーム出力時間）が経過する前に，リセット温度レベル（T_{jOH}-T_{jH}）以下となった場合で，t_{ALM}が経過したときにV_{in}（IPM入力信号）がOFFの場合はT_{jOH}保護動作とアラームは同時に解除されます．
③の動作
　T_jが約1ms時間継続してT_{jOH}を超えるとアラームを出力し，V_{in}がOFFの場合は，OFF状態を保持します．
④の動作
　t_{ALM}が経過した後にT_{jOH}-T_{jH}以下に復帰する場合，V_{in}がOFFのときはOHとアラームは同時に復帰します．
　次に，図7-16の動作モードについて説明します．
①，②の動作
　T_jがT_{jOH}を超えて約1ms以内にT_{jOH}以下に下がると，V_{in}がON/OFFいずれでもOHは動作しません．
③の動作
　T_jがT_{jOH}を超えた後，約3μs以上の期間T_{jOH}以下に下がると，1msの検出タイマはリセットされます．

● 制御電源電圧低下保護(UV)

　IPMに供給される制御電源電圧が極端に低下すると，IGBTがドライブ不足となり損失の増加につながります．そこで，IPMには制御電源電圧が低下したときの保護機能が内蔵されています．

　具体的な動作タイミング・チャートを図7-17，図7-18に示します．図7-17の動作は，

①の動作

　V_{CC}投入時に$V_{UV}+V_H$以下でアラームを出力します．ここでV_{UV}は電圧低下保護電圧，V_Hはヒステリシス電圧を示します．

②の動作

　V_{CC}がV_{UV}以下に低下した期間が5μs以下では保護は動作しません（V_{in}がOFF時）．

③の動作

　V_{in}がOFFのときはV_{CC}がV_{UV}以下になって約5μs後にアラームを出力しIGBTはOFFを維持します．

④の動作

　V_{CC}がt_{ALM}経過する前に$V_{UV}+V_H$まで復帰すると，V_{in}がOFFのときにはt_{ALM}が経過したときにUVは復帰し，同時にアラームも復帰します．

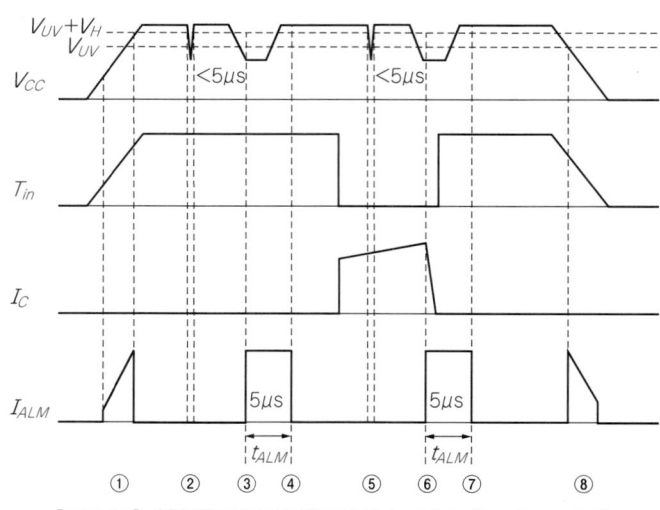

[図7-17] 制御電圧低下保護の動作タイミング・チャート①

⑤の動作

V_{CC}がV_{UV}以下に低下した期間が5μs以下のときは，保護回路は動作しません（V_{in}がON時）．

⑥の動作

V_{in}がONのときは，V_{CC}がV_{UV}以下になって約5μs後にアラームを出力し，IGBTはソフト遮断します．

⑦の動作

V_{CC}がt_{ALM}経過する前に$V_{UV}+V_H$まで復帰すると，V_{in}がOFFのときはt_{ALM}が経過したときにUVは復帰し，同時にアラームも復帰します．

⑧の動作

V_{CC}遮断時は，V_{UV}以下でアラームを出力します．

図7-18の動作は，

①の動作

V_{CC}投入時は，$V_{UV}+V_H$以下でアラームを出力します（V_{in}がOFFになるまで）．

②の動作

V_{CC}がt_{ALM}経過した以後に$V_{UV}+V_H$まで復帰すると，V_{in}がOFFのときは$V_{UV}+V_H$に復帰すると同時にUVとアラームは復帰します．

③の動作

V_{CC}がt_{ALM}経過する前に$V_{UV}+V_H$まで復帰しても，V_{in}がONのときはt_{ALM}が経

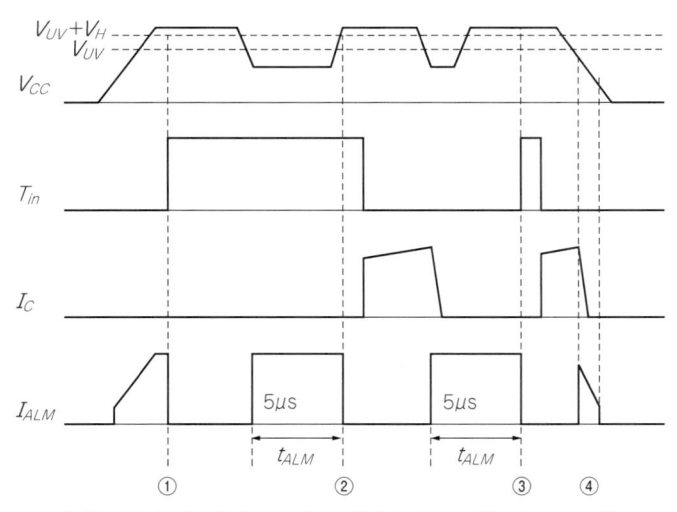

[図7-18] 制御電圧低下保護の動作タイミング・チャート②

過したときにUV復帰しません．V_{in}がOFFと同時にUVとアラームは復帰します．
④の動作

V_{CC}遮断時にV_{in}がONした場合には，V_{UV}以下でアラームを出力し，IGBTをソフト遮断します．

7.4　IPMの応用回路

図7-19に，代表的なIPMの応用回路例を示します（ブレーキ用IGBTあり，上アーム・アラーム出力あり）．

(1) 制御電源

図7-19の応用回路例に示すように，制御電源は上アーム側＝3，下アーム側＝1，合計4系統の絶縁電源が必要です．1次-2次間のストレー容量C（浮遊容量）は，できるだけ低減した電源を使用してください．実験などで市販の電源ユニットを使用する場合は，電源出力側のGND端子は接続しないでください．出力側GNDを出力の＋または－に接続すると，電源入力側アースで各電源が接続されるため，誤動作の原因になります．

(2) 4電源間の構造的な絶縁（入力部コネクタおよびプリント基板）

絶縁は，各々4電源間と主電源間に必要です．また，この絶縁部にはIGBTスイッチング時の大きなdv/dtが加わりますので，充分な絶縁距離を確保してください．

(3) GND接続

下アーム側制御電源GNDと主電源GNDはIPMの内部で接続されていますが，IPMの外部では絶対に接続しないでください．接続すると下アームにIPM内外で発生するdi/dtによりループ電流が流れ，フォト・カプラ，IPMなどの誤動作を引き起こします．さらには，IPM入力回路が破壊する可能性もあります（上アーム側制御電源GNDと各相主端子についても同様）．

(4) 制御電源コンデンサ

応用回路例に示す各制御電源に接続される10μFおよび0.1μFは，制御電源を平滑化するためのコンデンサではなく，IPMまでの配線インピーダンス補正用です．平滑用のコンデンサは，ほかに必要です．

また，10μFおよび0.1μFから制御回路までの配線インピーダンスで過渡変動が発生するので，IPM制御端子およびフォト・カプラ端子にできるだけ近接して接続してください．

電解コンデンサについても，インピーダンスが低く周波数特性の良いものを選定

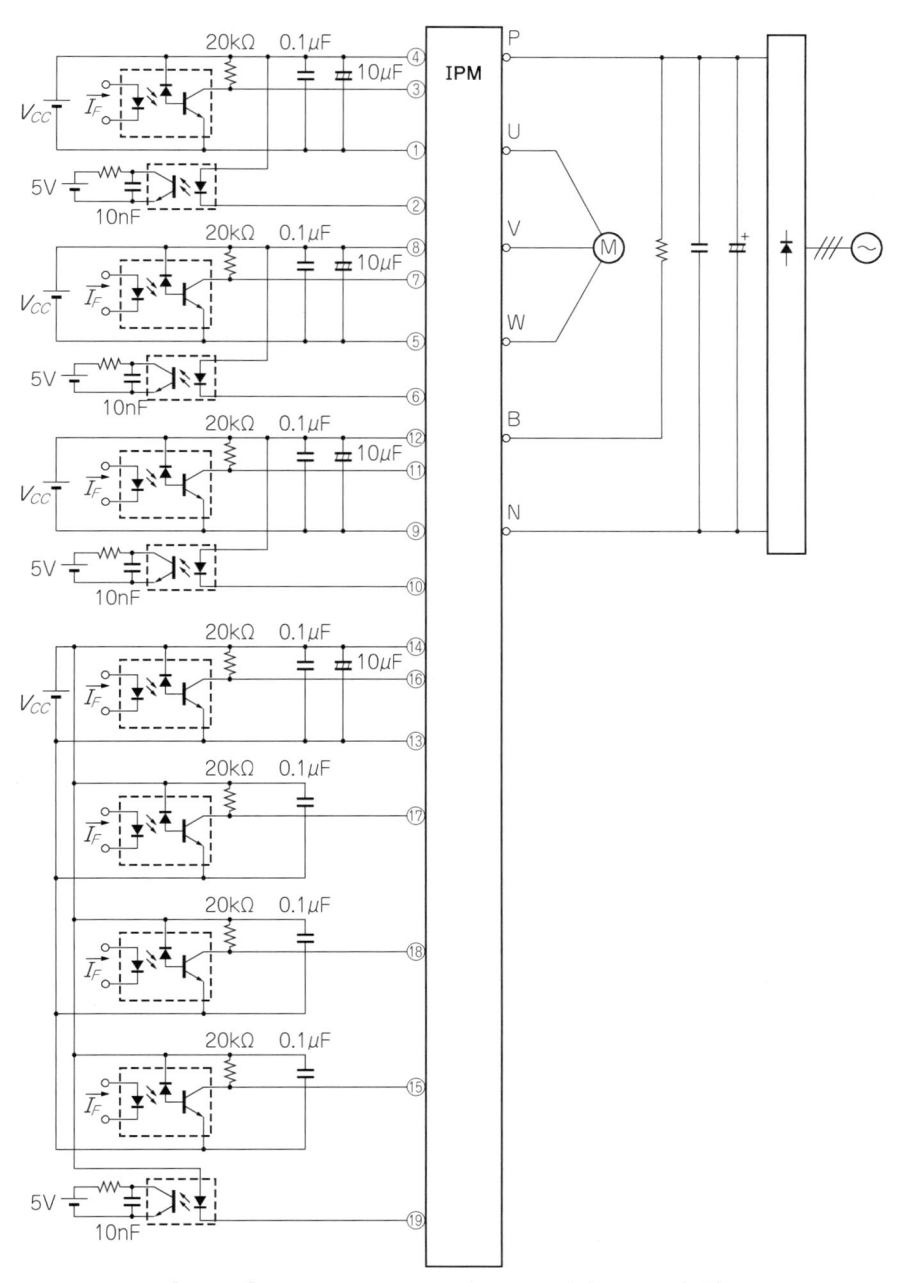

[図7-19] 上アーム・アラーム付き応用回路（ブレーキ内蔵）

7.4 IPMの応用回路

し，さらにフィルム・コンデンサなどの周波数特性の良いものを並列に接続してください．

(5) アラーム回路

dv/dtにより，アラーム用フォト・カプラの2次側電位が振られることがあります．10nFのコンデンサを付けて電位を安定させることを推奨します．

(6) 信号入力端子のプルアップ

制御信号入力端子は，20kΩ程度の抵抗でV_{CC}にプルアップします．また，ブレーキを内蔵したIPMでブレーキを使用しない場合も，DB入力端子をプルアップしてください．プルアップしないと，dv/dtにより誤動作する可能性があります．

外来ノイズ対策などにより，プルアップ抵抗値を下げる場合は，IPMの許容入力電流，フォト・カプラ能力を考慮して実施します．

(7) スナバ回路

スナバ用コンデンサには周波数特性の良いフィルム系コンデンサを使用し，PN端子に最短で接続してください．また，両側にPN端子が設置されている機種の場合は，それぞれにスナバを接続してください．配線(コンデンサのリード線も含む)が長いとインダクタンスが大きくなり，スイッチング時のdi/dtによりサージ電圧が過大になります．この電圧が素子耐圧を超えると破壊につながるので注意が必要です．

(8) B端子

6個組(ブレーキなし)タイプの場合は，B端子を下記の端子をP，N端子に接続し，製品内部の電位を安定させることを推奨します(機種ごとに異なる場合があるので確認が必要)．

(9) 上アーム・アラーム

上アームにアラーム出力をもつIPMの上アーム・アラームを使用しない場合は，アラーム端子をV_{CC}(制御電源電圧)に接続して電位を安定させてください．

(10) IPMの入力回路

富士電機製のR-IPMの入力部には，図7-20に示すように入力OFF時のインピーダンス低減を目的とした定電流回路が設けられており，図に示したタイミングによりR-IPMから流れ出します．このため，フォト・カプラの2次側には，プルアップ抵抗を流れる電流I_R+1mAの電流が流せるようにフォト・カプラの1次側のI_Fを決める必要があります．I_Fが不十分な場合，2次側が誤動作を起こす可能性があります．

また，プルアップ抵抗を選定する際は，フォト・カプラがONのときにI_R+1mA

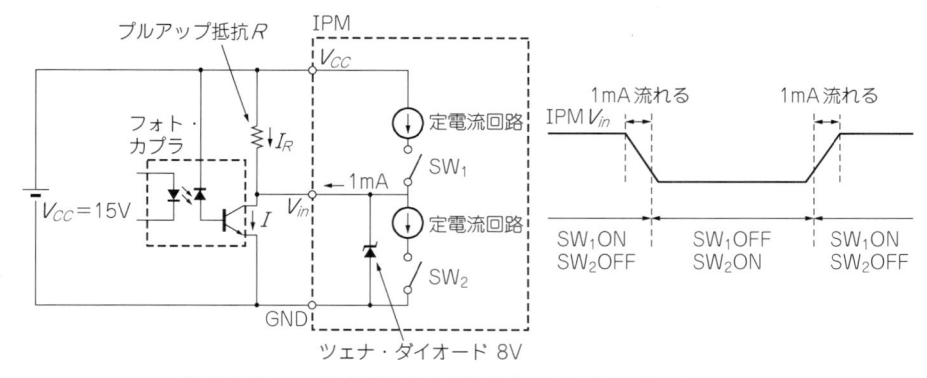

[図7-20] IPM入力回路と定電流動作のタイミング・チャート

がフォト・カプラの2次側で流せることと，OFFのときにIPMへ流れ込む電流が仕様書に記載させている$I_{in(\max)}$を超えないようにする必要があります．

(11) フォト・カプラ周辺回路

制御入力用フォト・カプラには，下記の特性を満足するものを使用してください．たとえば，アバゴ製のHCPL-4504や東芝製TLP759(IGM)などがあります．

- $C_{MH} = C_{ML} > 15\text{kV}/\mu\text{s}$ または $10\text{kV}/\mu\text{s}$
- $t_{pHL} = t_{pLH} < 0.8\mu\text{s}$
- $t_{pLH} - t_{pHL} = -0.4 \sim 0.9\mu\text{s}$
- $C_{TR} > 15\%$

フォト・カプラとIPM間の配線は，配線インピーダンスを小さくするために最短で配線し，1次-2次間には大きなdv/dtが加わるので1次-2次間は浮遊容量が大きくならないように各々の配線は近づけないようにします．

(12) 発光ダイオード・ドライブ回路

フォト・カプラは，入力の発光ダイオード・ドライブ回路によってもdv/dt耐量が低下します．ドライブ回路の設計に当たっては，図7-21を参考にしてください．

(13) アラーム出力用フォト・カプラ

アラーム出力用フォト・カプラには汎用のフォト・カプラを使用できますが，下記の特性を推奨します．たとえば，東芝製のTLP521-1-GRランクなどがあります．また，UL，VDEなどの安全規格にも注意してください．

- $100\% < C_{TR} < 300\%$
- 1素子入りタイプ

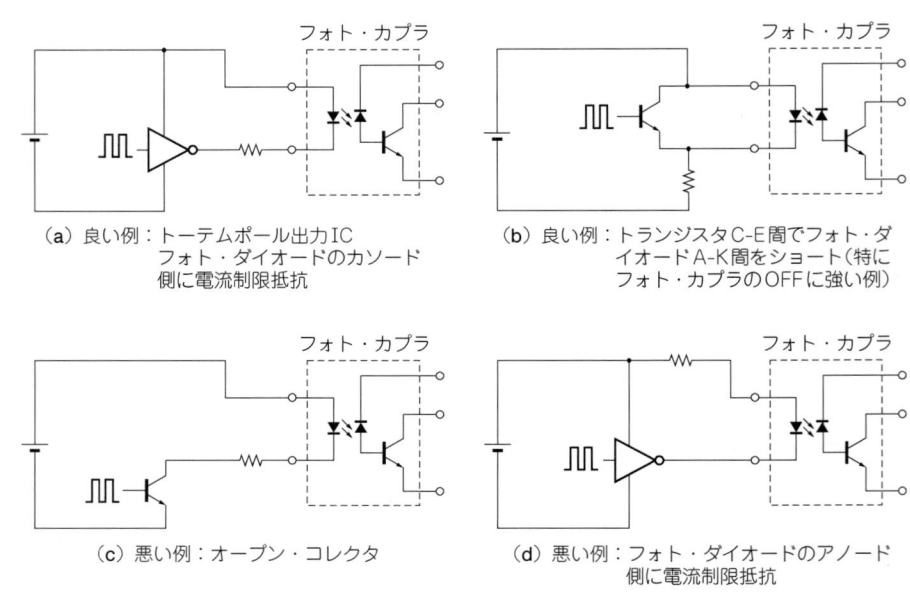

(a) 良い例：トーテムポール出力IC
　　　　　フォト・ダイオードのカソード
　　　　　側に電流制限抵抗

(b) 良い例：トランジスタC-E間でフォト・ダ
　　　　　イオードA-K間をショート（特に
　　　　　フォト・カプラのOFFに強い例）

(c) 悪い例：オープン・コレクタ

(d) 悪い例：フォト・ダイオードのアノード
　　　　　側に電流制限抵抗

[図7-21] フォト・カプラ入力回路の設計

(14) 入力電流制限抵抗

　フォト・カプラの入力側発光ダイオードの電流制限抵抗は，IPMに内蔵されています．この値は$R_{ALM}=1.5\text{k}\Omega$であり，$V_{CC}$に直接接続した場合，$V_{CC}=15\text{V}$で$I_F$=約10mAが流れます．したがって，電流制限抵抗を接続する必要はありません．

　ただし，フォト・カプラ出力側で大きな電流$I_{out}>$10mAが必要な場合は，フォト・カプラのC_{TR}値を必要な値まで大きくしてください．

(15) フォト・カプラとIPM間の配線

　アラーム用フォト・カプラにも大きなdv/dtが加わるので，制御用フォト・カプラと同様の注意が必要です．

参考文献

第1章　IGBTの基礎知識
(1) 正田英介, 深尾 正, 嶋田隆一, 河村篤男 監修：「パワーエレクトロニクスのすべて」, オーム社, 1994年.
(2) 西浦真治：「富士電機におけるパワー半導体技術の現状と展望」, 富士時報, Vol.67 No.5, 1994年.
(3) インバータドライブハンドブック編集委員会編：「インバータドライブハンドブック」, 日刊工業新聞社, 1995年.
(4) 百田聖自, 大西泰彦, 熊谷直樹：「パワーモジュール用チップ技術」, 富士時報, Vol.71 No.2, 1998年.
(5) B. J. Baliga；"Power Semiconductor Devices", PWS Publishing Company, 1996.
(6) 吉渡新一, 別田惣彦：「大容量6in1 IGBTモジュール『EconoPACK-Plus』」, 富士時報, Vol.74 No.2, 2001年.
(7) 百田：「MOSゲートパワーデバイス技術の進歩」, 富士時報, Vol.63 No.9, 1990年.
(8) 桜井, 山田, 大日方：「高速スイッチングIGBTモジュールの系列化」：富士時報, Vol.63 No.9, 1990年.
(9) 宮下, 宮坂, 重兼：「第3世代IGBTモジュールの短絡保護技術」, 電気学会研究会, EDD-92-111, SPC-92-77.
(10) 五十嵐, 百田, 丸山：「UPS用半導体デバイス」, 富士時報, Vol.68 No.7, 1995年.
(11) M. Otsuki, S. Momota, A. Nishiura, K. Sakurai；"The 3rd generation IGBT toward a limitation of IGBT performance", ISPSD 2005.
(12) 百田, 宮下, 脇本：「T, UシリーズIGBTモジュール(600V)」, 富士時報, Vol.75, p.559, 2002年.
(13) M. Otsuki et al；"Investigation on the Short-Circuit Capability of 1200V Trench Gate Field Stop IGBTs", ISPSD 2002, pp.281-284.
(14) Y. Onozawa et al；"Development of the next generation 1200V trench-gate FS-IGBT featuring lower EMI noise and lower switching loss", ISPSD 2007, pp14-17.
(15) S. Igarashi et al；"Low EMI noise Techniques of the 6th Generation IGBT module", EPE 2007.
(16) Y. Nishimura et al；"New generation metal base free IGBT module structure with low thermal resistance", ISPSD 2004, pp.347-350.
(17) 古閑, 柿木, 小林：「3.3kV IGBTモジュール」, 富士時報, Vol.80, p.397, 2007.
(18) 「富士アプリケーションマニュアル IGBTモジュールRH984」, 富士電機デバイステクノロジー㈱, 2004年2月.
(19) 「富士IGBTモジュールUシリーズ技術資料集」, 富士電機デバイステクノロジー㈱, 2005年10月12日.
(20) 「富士インバータラインアップ一覧 FRENIC series」, 富士電機システムズ㈱.
(21) 「富士サーボシステムラインアップ一覧」, 富士電機システムズ㈱.
(22) 「富士無停電電源装置 カタログ一覧」, 富士電機システムズ㈱.
(23) 「富士電機太陽光発電システム K101c」, 富士電機システムズ㈱.

第2章　ゲート・ドライブ回路の設計
(1) 「富士IGBTドライブ用ハイブリッドICアプリケーションマニュアルRH924a」, 富士電機デバイステクノロジー㈱, 2004年2月.
(2) Application Note AN-985, International Rectifier.
(3) Description and Application Manual Dual-Channel Plug-and-Play SCALE IGBT Driver 2SD316EI for EconoDual IGBT Modules, Concept Intelligent Drivers.
(4) 「IDC PRODUCTS for Power Electronics Selection guide book」, イサハヤ電子㈱, 2009年2月.
(5) 「富士アプリケーションマニュアル IGBTモジュールRH984」, 富士電機デバイステクノロジー㈱, 2004年2月

第3章　保護回路の設計と並列接続
(1)「富士アプリケーションマニュアル IGBTモジュールRH984」，富士電機デバイステクノロジー㈱，2004年2月．
(2)「富士IGBTモジュールUシリーズ技術資料集」，富士電機デバイステクノロジー㈱，2005年10月12日．

第4章　放熱設計方法
(1)「富士アプリケーションマニュアル IGBTモジュールRH984」，富士電機デバイステクノロジー㈱，2004年2月．
(2) 田久保 拡；「モータ駆動用IGBTの損失と放熱設計」，トランジスタ技術，2006年10月号．
(3) 高久 拓，五十嵐征輝，宮坂忠志；「電力変換装置における半導体デバイスの簡易損失・温度計算方法」，電気学会半導体電力変換研究会，SPC-08-74，2008年6月．
(4) 西村芳孝，大野田光金，百瀬文彦；「IGBTモジュールサーマルマネジメント技術」，富士時報，Vol.82 No.6，2009年．
(5) Y. Nishimura, M. Oonota, F. Momose, E. Mochizuki, T. Goto, Y. Takahashi；Thermal management of IGBT module systems，proc.PCIM Euro，pp.814-818，2008．
(6) Y. Nishimura, K. Oonishi, F. Momose, T. Goto；Design of IGBT module packaging for high reliability，proc.PCIM Euro，pp.249-254，2010．
(7) Y. Nishimura etc；Development of a New-Generation RoHS IGBT Module Structure for Power Management，Transaction of the Japan Institute of Electronics Packaging，vol.1，No1，2008．

第5章　ノイズ低減対策技術
(1) 富士電機IGBTアプリケーションマニュアル，「第10章 IGBTモジュールのEMC設計」，富士電機システムズ㈱，2009年8月．
(2) S. Igarashi, S. Takizawa, K. Kuroki, T. Shimizu；"Analysis and Reduction Method of EMI radiational Noise from Converter System"，PESC' 98，1998．
(3) Y. Onozawa, M. Otsuki, N. Iwamuro, S. Miyashita, Y. Seki, T. Matsumoto；"1200V Low Loss IGBT Module with Low Noise Characteristics and High di/dt Controllability"，IAS 2005，2005．
(4) M. Otsuki, Y. Onozawa, T. Miyasaka；"The 6th generation 1200V advanced Trench FS-IGBT chip technologies achieving low noise and improved performance"，PCIM 2007，May 2007．
(5) S. Igarashi, H. Takubo, Y. Kobayashi, M. Otsuki, T. Miyasaka；"Low EMI noise Techniques of the 6th Generation IGBT module"，EPE 2007，September 2007．

第6章　トラブル発生時の対処方法
(1)「富士アプリケーションマニュアル IGBTモジュールRH984」，富士電機デバイステクノロジー㈱，2004年2月．
(2) 両角文男，山田克己，宮坂忠志；「パワー半導体モジュールにおける信頼性設計技術」，富士時報，Vol.74 No.2，2001年2月．
(3) 長畦文男，田上三郎，桐原文明；「過渡オン状態からダイオード逆回復現象の解析」，富士時報，Vol.74 No.2，2001年2月．

第7章　インテリジェント・パワー・モジュールIPM
(1)「富士IGBT-IPMアプリケーションマニュアル」，RH983a，2004年9月．
(2) T. Kajiwara, A. Yamaguchi, Y. Hoshi, K. Sakurai；"New Intelligent Power Multi-Chips Modules with Junction Temperature Detecting Function"，PCIM，1998．
(3) 渡辺 学，楠木善之，松田尚孝；「インテリジェントパワーモジュールR-IPM3，Econo IPMシリーズ」，富士時報，Vol.75 No.6，2002年
(4) 清水直樹，高橋秀明，熊田恵志郎；「インテリジェントパワーモジュールVシリーズIPM」，富士時報，Vol.82 No.6，2009年．

索引

【数字・アルファベット】
1次元熱モデル —— 105
3相PWMインバータ —— 100
BJT —— 011
B端子 —— 174
B値 —— 035
Cスナバ回路 —— 083
DCB基板 —— 030, 032
DCチョッパ —— 098
Direct Copper Bonding —— 030
dv/dt誤点弧 —— 062, 068
Electro Magnetic Compatibility —— 119
Electro Magnetic Interference —— 120
Electro Magnetic Susceptibility —— 120
EMC —— 119
EMI —— 120
EMIノイズ —— 062, 119
EMS —— 120
EPI-IGBT —— 023
EPIウェハ —— 022
Field Stop —— 023
Foster Network回路 —— 106
Free Wheeling Diode —— 027
FS —— 023
FS-IGBT —— 023
FWD —— 027, 042
FWD-尖頭サージ順電流 —— 035
FWD-電流二乗時間積 —— 035
FWD発生損失 —— 098
FZウェハ —— 022
Gate Turn Off thyristor —— 014
GTO —— 011, 014
HVIC —— 072
IGBT —— 009, 011, 017
IGBT発生損失 —— 098
Insulated Gate Bipolor Transistor —— 009
Intelligent Power Module —— 011
IPM —— 011, 031, 153
LC共振回路 —— 126
MOSFET —— 016
NCサーボ —— 054
Non Punch Through —— 022
NPT —— 022
NPT-IGBT —— 023
N電極 —— 134
ON電圧 —— 155
PDS —— 121
PIM —— 028
PINダイオード —— 018
Power Integrated Module —— 028
PWM整流器 —— 054
P電極 —— 134
QP値 —— 121
RBSOA —— 038, 042, 087
RBSOA逸脱 —— 139
RBSOA破壊 —— 079
RCDスナバ回路 —— 083
RCスナバ回路 —— 083
RoHS対応 —— 033
T_j検出トリップ・レベル —— 090
UPS —— 055
UV保護 —— 161
VVVFインバータ —— 099

【あ・ア行】
アーム短絡 —— 037, 078
アバランシェ —— 050
アラーム回路 —— 174
アラーム出力 —— 161
アレスタ —— 123
一括スナバ回路 —— 083
イミュニティ —— 120
インテリジェント・パワー・モジュール
　—— 031, 153

索引　179

インバータ回路 —— 050
上アーム・アラーム —— 174
運搬 —— 049
エミッション —— 120
温度センサ —— 167
温度センス —— 158
温度リプル —— 106, 112

【か・カ行】

カーブ・トレーサ —— 140
拡散 —— 022
カットオフ周波数 —— 130
カテゴリ —— 121
過電流検出器 —— 079
過電流保護 —— 077, 162
過電流保護機能 —— 159
過電流保護レベル —— 159
過渡応答補正 —— 109
過渡熱抵抗曲線 —— 112
過渡熱抵抗値 —— 105
過渡熱抵抗特性 —— 043
過熱保護 —— 090
可変電圧可変周波数制御インバータ
　　　—— 099
還流ダイオード —— 042
帰還容量 —— 034, 144
寄生インダクタンス —— 124
寄生振動 —— 094
寄生容量 —— 124
逆回復サージ電圧 —— 147
逆回復時間 —— 034
逆回復電流 —— 034
逆回復特性 —— 042
逆バイアス安全動作領域 —— 034, 042
逆バイアス回路 —— 047
逆バイアス・ゲート電圧 —— 146
逆バイアス電源 —— 066, 159
キャリア蓄積効果 —— 024
キャリア分布 —— 021
共振電流 —— 125
強制液冷方式 —— 112
強制空冷方式 —— 112
空間電荷領域 —— 021
クラック —— 139
系統電源 —— 056

ケース温度 —— 035, 110
ケース温度過熱保護 —— 161
ケース過熱保護 —— 165
ケース-ヒート・シンク間熱抵抗 —— 105
ケース-フィン間過渡熱抵抗 —— 106
ゲート-エミッタ間しきい値電圧 —— 034
ゲート-エミッタ間電圧 —— 035
ゲート-エミッタ間漏れ電流 —— 034
ゲート過電圧 —— 139
ゲート過電圧保護 —— 072
ゲート逆バイアス電圧 —— 062
ゲート充電電荷量 —— 034, 065
ゲート順バイアス電圧 —— 061
ゲート・チャージ容量 —— 040
ゲート抵抗 —— 034, 063
ゲート電流 —— 065
ゲート・ドライブ回路 —— 047, 061
ゲート配分回路 —— 057
高耐圧IC —— 072
誤ターンオン防止 —— 159
誤点弧 —— 048
個別スナバ回路 —— 083
コモン・モード —— 122
コモン・モード・コア —— 148
コモン・モード・ノイズ —— 122
コレクタ-エミッタ間電圧 —— 035
コレクタ-エミッタ間飽和電圧 —— 034
コレクタ-エミッタ間漏れ電流 —— 034
コレクタ電流 —— 035

【さ・サ行】

サージ電圧 —— 053, 090
サーマル・コンパウンド —— 048, 115
サーミスタ —— 091
サーミスタ抵抗 —— 035
サーミスタ特性 —— 033
最大損失 —— 035
サイリスタ —— 009, 012
雑音端子電圧 —— 121
自己消弧能力 —— 014
自然空冷方式 —— 112
締め付けトルク —— 035
ジャンクション温度 —— 053
充放電型 *RCD* スナバ回路 —— 083
主回路配線 —— 095

出力周波数補正 —— 109
出力短絡 —— 078
出力特性 —— 036
出力フィルタ —— 124
出力容量 —— 034
順バイアス回路 —— 047
順バイアス電源 —— 066
昇圧チョッパ —— 057
シリコーン —— 115
スイッチング損失 —— 020, 097
スイッチング特性 —— 037
水冷用ヒート・シンク —— 113
スクリーン・プリンティング —— 117
スタンダード・モジュール —— 153
ストレー容量 —— 172
スナバ回路 —— 083, 174
スナバ・コンデンサ —— 087
スナバ・ダイオード —— 089
スナバ抵抗 —— 088
スパイク電圧 —— 038
制御電源コンデンサ —— 172
制御電源電圧低下保護 —— 161, 170
正弦電圧指令 —— 057
正相雑音 —— 122
静電気対策 —— 046
静特性 —— 033, 036
絶縁基板 —— 032
絶縁ゲート型バイポーラ・トランジスタ
—— 009
絶縁耐圧 —— 035
接合部温度 —— 035, 053
接合容量 —— 124
絶対最大定格 —— 033, 036
セラミック板 —— 032
尖頭値 —— 081
潜熱 —— 113
全発生損失 —— 102
ソフト遮断 —— 162
ソフト遮断機能 —— 159
ソフト・ターンオフ —— 079
損失シミュレーション —— 102

【た・タ行】
ターンオフ —— 014
ターンオフ・サージ電圧 —— 081

ターンオフ時間 —— 034
ターンオフ損失 —— 155
ターンオン時間 —— 034
ダイオード —— 011
ダイオード逆回復 —— 146
ダイオード順電圧 —— 034
太陽光インバータ —— 056
立ち上がり時間 —— 034
立ち下がり時間 —— 034
端子台一体構造モジュール —— 030
短絡耐量 —— 062, 077, 155
短絡電流 —— 068
短絡保護 —— 077, 163
短絡保護機能 —— 161
チップ温度過熱保護 —— 161
直流調節器 —— 057
直列アーム短絡 —— 037, 078
チョッパ回路 —— 037
地絡 —— 078
ツイスト配線 —— 071
定格 $I^2 t$ —— 150
定常損失 —— 097
テール電流 —— 020
デッド・タイム —— 067
電圧駆動型 —— 044
電圧スペクトル —— 128
電圧定格 —— 044
電気的特性 —— 033
電磁感受性 —— 120
電磁妨害 —— 120
電磁両立性 —— 119
伝導性エミッション —— 121
伝導性ノイズ —— 120
伝導度変調 —— 015
伝導度変調効果 —— 018, 019
転流回路 —— 014
電流駆動型 —— 044
電流制限機能 —— 016
電流制限抵抗 —— 176
電流センス —— 158
電流センス回路 —— 159
電流定格 —— 044
電流不均衡 —— 094
電流不平衡率 —— 096
電流分担 —— 094

同相雑音 —— 122
導通損失 —— 021
動特性 —— 033
ドライブ回路配線 —— 094
ドライブ電流 —— 065
ドライブ電力 —— 066
ドリフト —— 022
ドリフト領域 —— 016
トレンチ・ゲート —— 024
トレンチ・ゲートIGBT —— 135

【な・ナ行】
鉛フリーはんだ —— 033
二次降伏 —— 016
入力フィルタ —— 123
入力容量 —— 034, 066
熱抵抗 —— 035, 106
熱抵抗モデル —— 105
熱伝導率 —— 115
熱特性 —— 033
熱放散定数 —— 091
粘性 —— 115
ノイズ耐量 —— 071
ノーマル・モード —— 122
ノーマル・モード・ノイズ —— 122

【は・ハ行】
バイポーラ・トランジスタ —— 011, 015
破壊耐量 —— 077
発生損失 —— 097
パルス・トランス —— 075
パワーMOSFET —— 011, 016
パワー・サイクル寿命 —— 050, 151
パンチスルー —— 023
汎用インバータ —— 050
ヒート・サイクル耐量 —— 032
ヒート・シンク温度 —— 110
ヒート・シンク周囲間熱抵抗 —— 105
ヒート・パイプ方式 —— 112
微小電流ループ —— 132
微小パルス逆回復 —— 146
ヒステリシス —— 161
フィードフォワード —— 057
フィルタ回路 —— 128
ブートストラップ回路 —— 072

フェライト・コア —— 130
負荷サイクル計算 —— 107
負荷モード —— 107
浮遊LCの共振 —— 138
浮遊インダクタンス —— 124
浮遊容量 —— 124, 172
ブレーキ回路 —— 050
ブレークオーバ電圧 —— 014
ブレークダウン —— 016
平均発生損失 —— 112
並行平板配線 —— 083
並列接続 —— 048, 094
放射性エミッション —— 121
放射性ノイズ —— 119, 120
放射ノイズ —— 131
放電阻止型RCDスナバ回路 —— 083, 084
放熱フィン温度 —— 090
保管 —— 049
保持電流 —— 014
保存温度 —— 035

【ま・マ行】
ミラー容量 —— 135
無停電電源装置 —— 055
メタライズ板 —— 032
メタル・マスク —— 117
モータ可変速装置 —— 153
モジュール・ケース温度 —— 091
モノリシックIC —— 155

【や・ヤ行】
容量特性 —— 040

【ら・ラ行】
ライフタイム —— 021, 022
ラミネート配線 —— 083
リード・タイム —— 156
冷却体 —— 112
零相リアクトル —— 123
ロボット —— 054

【わ・ワ行】
ワイヤ端子接続構造モジュール —— 031
ワイヤ・ボンディング —— 139

著者略歴

五十嵐 征輝(いがらし せいき)
1960年	北海道生まれ
1984年	明治大学大学院 工学研究科 博士前期課程修了
同年	富士電機株式会社入社
2000年	東京都立大学大学院 電気工学科 博士課程修了 博士(工学)
現在	富士電機システムズ株式会社 モジュール技術部 IGBTモジュールの開発に従事

所属学会 電気学会上級会員 2010年電気学会産業応用部門大会論文委員長
著書:「電気計算, 2002年7月, 9月, 11月号」,「モータハンドブック2005年10月」,「月間EMC, 2009年11月号」

小野澤 勇一(おのざわ ゆういち)
1971年	東京都生まれ
1996年	東京農工大学大学院 修士課程修了
同年	富士電機総合研究所株式会社入社
現在	富士電機システムズ株式会社 チップ技術部所属 パワー半導体デバイスの開発に従事

後藤 友彰(ごとう ともあき)
1960年	岩手県生まれ
1985年	横浜国立大学大学院 工学研究科 金属工学専攻 修士課程修了
同年	富士電機株式会社入社
2003年	大阪大学大学院 工学研究科 生産科学専攻 博士後期課程修了 博士(工学)
現在	富士電機システムズ株式会社 半導体開発センター パッケージ開発部長 IGBTモジュール, ディスクリート・ICパッケージの開発に従事

所属学会 溶接学会 マイクロ接合研究委員会 主査 電気学会会員
著書:「MEMSデバイスの加工・実装・評価技術(技術情報協会)」, 他

宮下 秀仁(みやした しゅうじ)
1964年	長野県生まれ
1989年	信州大学大学院 工学研究科 博士前期課程修了
同年	富士電機株式会社入社
現在	富士電機システムズ株式会社 モジュール技術部 IGBTモジュールの開発に従事

所属学会 電子情報通信学会

渡辺 学(わたなべ まなぶ)
1964年	長野県生まれ
1986年	明治大学工学部 電気工学科卒業
同年	富士電機株式会社入社
現在	富士電機システムズ株式会社 モジュール技術部 IGBT-IPMの開発に従事

この本はオンデマンド印刷技術で印刷しました

本書は，一般書籍最終版を概ねそのまま再現していることから，記載事項や文章に現代とは異なる表現が含まれている場合があります．事情ご賢察のうえ，ご了承くださいますようお願い申し上げます．

- ●本書記載の社名，製品名について ── 本書に記載されている社名および製品名は，一般に開発メーカーの登録商標または商標です．なお，本文中では ™, ®, © の各表示を明記していません．
- ●本書掲載記事の利用についてのご注意 ── 本書掲載記事は著作権法により保護され，また産業財産権が確立されている場合があります．したがって，記事として掲載された技術情報をもとに製品化をするには，著作権者および産業財産権者の許可が必要です．また，掲載された技術情報を利用することにより発生した損害などに関して，CQ出版社および著作権者ならびに産業財産権者は責任を負いかねますのでご了承ください．
- ●本書に関するご質問について ── 文章，数式などの記述上の不明点についてのご質問は，必ず往復はがきか返信用封筒を同封した封書でお願いいたします．ご質問は著者に回送し直接回答していただきますので，多少時間がかかります．また，本書の記載範囲を越えるご質問には応じられませんので，ご了承ください．
- ●本書の複製等について ── 本書のコピー，スキャン，デジタル化等の無断複製は著作権法上での例外を除き禁じられています．本書を代行業者等の第三者に依頼してスキャンやデジタル化することは，たとえ個人や家庭内の利用でも認められておりません．

JCOPY〈出版者著作権管理機構委託出版物〉
本書の全部または一部を無断で複写複製（コピー）することは，著作権法上での例外を除き，禁じられています．本書からの複製を希望される場合は，出版者著作権管理機構（TEL：03-5244-5088）にご連絡ください．

パワー・デバイスIGBT活用の基礎と実際 [オンデマンド版]

2011年 4月 1日　初版発行
2012年 9月 1日　第2版発行
2022年 5月 1日　オンデマンド版発行

© 五十嵐 征輝 2011
（無断転載を禁じます）

編著者	五十嵐　征輝
発行人	小澤　拓治
発行所	CQ出版株式会社

ISBN978-4-7898-5300-2

乱丁・落丁本はご面倒でも小社宛てにお送りください．
送料小社負担にてお取り替えいたします．
本体価格は表紙に表示してあります．

〒112-8619　東京都文京区千石 4-29-14
電話　編集　03-5395-2123
　　　販売　03-5395-2141
振替　00100-7-10595

表紙・本文デザイン　千村　勝紀

印刷・製本　大日本印刷株式会社
Printed in Japan